摄影基础→摄影常识→曝光→用光→构图→人像摄影→风光摄影→图像后期制作

数码摄影基础教程

刘彩霞 著

人民邮电出版社

北 京

图书在版编目（ＣＩＰ）数据

数码摄影基础教程 / 刘彩霞著. -- 北京 ：人民邮
电出版社，2016.8（2023.8 重印）
ISBN 978-7-115-42437-2

Ⅰ. ①数… Ⅱ. ①刘… Ⅲ. ①数字照相机－摄影技术
－教材 Ⅳ. ①TB86②J41

中国版本图书馆CIP数据核字(2016)第098923号

内 容 提 要

本书全面细致地讲解了数码单反摄影的方法和技巧，内容包括数码单反相机使用要点、摄影基本技巧、摄影创作思路、摄影美学与构图、在摄影中如何运用光线和色彩以及如何使用软件进行图像处理，另外还选用大量摄影专业的师生摄影作品加以分析与点评。

在讲解方式上，完全针对初学者的特点，从认识数码单反相机到简单拍摄、基础摄影技巧和常用的主题摄影都进行了透彻地讲解。另外，本书对一些高级摄影技巧、摄影构图、光线与色彩的运用、纪实摄影的拍摄手段与方法等都做了详尽的说明。

本书内容全面、图文并茂，讲解深入浅出，从理论与实践两方面普及数码摄影的理论常识和实际操作经验，可以快速提升读者的摄影水平，非常适合高校摄影专业学生、数字摄影爱好者、平面设计从业人员学习。

◆ 著　　　　刘彩霞
　　责任编辑　邹文波
　　责任印制　沈　蓉　彭志环

◆ 人民邮电出版社出版发行　　北京市丰台区成寿寺路 11 号
　　邮编　100164　电子邮件　315@ptpress.com.cn
　　网址　http://www.ptpress.com.cn
　　临西县阅读时光印刷有限公司印刷

◆ 开本：787×1092　1/16
　　印张：14　　　　　　　　　2016 年 8 月第 1 版
　　字数：391 千字　　　　　　2023 年 8 月河北第 13 次印刷

定价：62.00 元

读者服务热线：(010)81055256　印装质量热线：(010)81055316
反盗版热线：(010)81055315

前　言

　　虽说在高校从事摄影教育屈指算来已是10年有余，但是当接到出版社编辑的约稿时，还是可以用诚惶诚恐来描写当时复杂的心情，毕竟，撰写专业书籍是一个很谨慎的事情。不过还好，自己日积月累有些劣作，平时上课读书也有一定的认识和体会，加上精选出来的同事、朋友和学生们多年来的作品，使我信心倍增。当伏案数月后再投笔，重新审视集体的勤奋劳作时，感到由衷的欣慰，其中的敏思艰辛和成功愉悦是我们几位作者在每个阶段所共同经历的快乐过程。

　　在21世纪最初的几年中，我听到最多的就是买相机是要数字的还是传统的。在国内的高校摄影专业教学会议上，也常常听到针对"数字化"时代的来临，传统摄影教育的发展方向如何变化，以及当摄影降低门槛走进寻常人家后，数字摄影的专业性应当如何体现等问题。随着数字技术的发展，特别是IT技术日新月异的飞速前进，不知不觉，现在已经是"人人都是摄影家"的时代了。

　　面对平面设计、印刷、出版、网络等不同媒介影像的完全数字化，面对多数家庭的相册或悬挂于客厅的"历史照片镜框"改变为以计算机为主的数字图库，我们唯一能做的就是抓住机遇，充分利用数字技术即拍即显、复制无损失、后期调整及传播速度方便快捷等优势，进行数字影像创作，并主动学习摄影中自然的表现手法和艺术中的基本表现形式，掌握对光线、色彩、构图、空间、均衡、韵律等的应用。锻炼自己敏锐的审美能力，并在创作过程中达到由心而发。

　　本书是一部摄影类的基础性图书，它包括相机基础知识、摄影常识、摄影曝光、摄影用光、摄影构图、人像摄影技巧、风光摄影技巧、分类摄影、图像后期处理9章，这些章包含了从事摄影行业最基础、也最重要的知识。这本书融入了作者对摄影的理解，文中通俗易懂地介绍每一个知识点，剖析各种环境中的拍摄方法。全书内容按照简单的相机介绍—用光和构图—拍摄技巧—其他分类摄影—图像的处理的结构体系，非常明确。通过学习书中的内容，读者就能拍摄出非常好的照片，再加上一些后期处理，一定会让自己的作品绽放光彩。本书内容丰富饱满，在以图文并茂的方式使读者获得知识的同时，还能让读者领略摄影的独特魅力。本书将作者的心得体会和经验总结出来，无论读者是否了解摄影技术，都可以在本书的指导下，逐渐步入摄影的艺术殿堂。本书不仅适合广大的普通摄影爱好者阅读，也适合拥有中、高档摄影器材的摄影人士阅读。

　　本书由西安工程大学刘彩霞著。

作者

2016年5月

目录

第 1 章

相机基础知识

1.1 摄影的艺术

1.1.1 摄影诞生到现在

1837年，达盖尔在摄影室内用自然光拍摄了《画室》，这幅照片是存世最早的"达盖尔银版法"照片，也是世界上第一幅静物照片

　　自从1837年法国画家达盖尔发明了银版摄影术，世界上的第一台照相机就出现了，到如今已经170多年的历史了。达盖尔银版摄影法的发明，使摄影成为人类在绘画之外保存视觉图像的新方式，开辟了人类视觉信息传递的新纪元，他也成为举世公认的"摄影之父"。随着科学技术的发展、进步，照相机也慢慢吸取了很多的科学技术，从最开始的简陋、笨拙的照相机发展到了如今的非常智能的数码单反相机。国际照相机工业的发展瞬息万变，很多相机逐步发展成完全电子化、自动化、智能化的产品。

　　数码相机的出现，大大降低了摄影的门槛。无论单反相机还是卡片机，都实现了高智能化、全自动化。因此，今天没有人再说这样的相机是"傻瓜相机"了。无论是谁，买一台新相机，只要认真读一遍说明书，甚至只要使用过相机的人当面示范一下操作过程，十多二十分钟就都能使用它拍照了。

1.1.2　摄影家的眼力

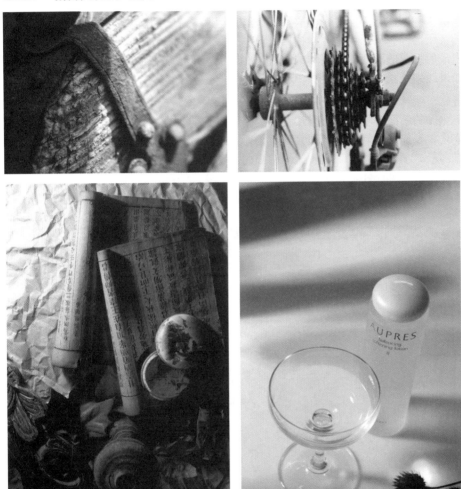

摄影家要学会从复杂的环境或是简单的景物中寻找到简洁的画面或是独特的视角来拍摄景物

　　在书籍、杂志上我们都会看到很多非常精彩的摄影照片，这些成千上万的照片映入眼帘让人有一种美的享受。看到的人都不禁在想："我什么时候才能拍出这样的照片！"，其实这样的照片并非难如登天，只要学会了摄影技术就能拍出非常好的作品。

　　当看到一幅非常美丽的照片时，会觉得漂亮，然而却说不出它为什么漂亮，也不理解作者是怎样、在哪拍摄的这样的美景。如果照片下面的信息告诉了我们一些参数（使用的是什么相机、什么镜头、什么光圈、什么胶片）及描述，就可以通过这些信息判断作者的拍摄过程。

　　作为一个好的摄影师，在观察事物的时候眼力要和别人不同，才能在艺术创作中创作出更多更好的摄影艺术作品。也就是说要知道自己在追求什么。通过阅读本书会发现我们不仅讲述了摄影的基础知识，还撰写了很多摄影家的体会、心得，写到了摄影家们在拍摄的时候是怎样来思考的。不管做什么事情，思想总是第一位的，它决定很多事情的发展方向。在通过照片逐步理解的指导过程中，慢慢培养出一种摄影的意识，学会在周围的世界中寻找到艺术的灵感，从而捕捉美的画面，这也就是我们所说的"摄影家的眼力"。

1.1.3 摄影要学会想象

　　"想象"是指在创作一幅作品时进行的整个思维过程，它是一种创造性的主观探索，是摄影中不可缺少的。所谓"想象"就是在没拍摄之前，先在自己的脑海中对所要拍摄的主体景物有意识地想象出最后想要的画面。在创作的时候，在脑海里形成潜在的影像，然后和拍摄的画面进行比较，如果达到了我们想象的要求，这张照片就很完美了。

　　摄影是被摄体与照片之间进行的一系列的机械、光学、化学等过程的转化，这样才会在照片上展现给我们完美的画面。要知道摄影和我们眼睛观看到的景物并非是一样的，这是因为镜头长短、色温变化、曝光控制等方面的因素导致了看到的景物不是拍摄出来的景象，可能会更美，也可能糟糕得很。学会"想象"最后成像的画面，不仅能更好地加强摄影技术的学习，还能了解到很多摄影相机各个部件、各个参数的调整对应的变化情况。

以这张照片为例：拍摄风景照片做出蓝晒的效果。

在我们所处的环境是这样的时候，面对这样的景物，在还没拍摄之前就应该大致想到这样的画面。水流的雾状效果也是需要提前想象的，要知道自己想要的是什么样的效果——是雾状的还是奔腾的凝固效果

1.1.4　简洁的画面容易拍出好照片

简洁就是去掉那些分散注意力、削弱主题的因素，但并不是要把背景上的所有东西都去掉，只留下白色的背景。如果周围的环境是有利于表现主题或主体的，那么它们就是不可缺少的，不但不能去掉还要放入画面，这样很多景物放入一个画面必然会复杂，这个时候就要重新对表现主题的景物和主体进行有机的组合，让画面尽量简洁。

当我们拿起相机拍摄大千世界的时候，会发现被摄对象并不总是呈现好的画面，因此要求我们必须用取景框进行选择、提炼、抽象、概括，才能从凌乱的环境中"提取"出优美动人的画面。画面简洁主体物必然会非常突出，如果还没有拍出好的照片，试试用这种方法去拍摄吧！

简洁的构图使主体景物非常突出，画面的构成非常好，能给人视觉上的美感

1.1.5　好照片要有主题

　　拍摄任何画面的景物，都需要一个主题思想。主题在摄影中是非常重要的，因为有了主题才有了构思，有了构思才能更好地去完成拍摄而不会无厘头乱拍。思想总是在我们拍摄之前的，只有这样才能让照片赋予我们给它的思想。本书有很多摄影主题的技巧和方法，引导学习摄影技术和摄影方面的知识。在学会这些技术之后，以后拍摄的每一张照片都应该是有思想的，让精彩的作品更有深度。在学习的过程中，培养我们观察、选取周围世界的各种主题的能力，找到更多更好的点去创造性地拍摄作品。

《雁塔映像》系列　　　　　　摄影/刘正旭

作者试图通过镜头向人们揭示古老文明同现代文化在某种程度上的冲撞，同时希望运用现代影像的表述手段，来阐释古建筑给我们带来的视觉审美和文化传承的愉悦感

《南山暮鼓》　　　　　　　　摄影/南方

作者以自身对大自然的感知为创作主题，以古代和现代静物的矛盾体为表述对象展开拍摄。作者力图表现自己幻梦中穿越远古的感受

1.2 数码单反相机与成像过程

1.2.1 什么是数码单反相机

数码单反相机实际上是数码技术和传统单反相机联姻的结果，是胶片时代的单反相机称谓的延伸，即数码单反相机就是使用了传统单反原理并加入数字技术的照相机。

现在我们要探讨一下单反的具体含义了。单反，就是单镜头反光，这种提法是针对于双镜头反光照相机提出来的，指的是通过一枚镜头进行反光取景和曝光拍摄的相机系统，这种相机结构在技术上就能基本解决由于两个镜头所造成的视差而使照片质量有所下降的问题。同时用单反照相机取景时，被摄物体的光线经过镜头聚焦，被斜置的反光镜反射到

Canon EOS 550D数码单反相机

聚焦屏上成像，再经过顶部的"五棱镜"反射，摄影者通过取景目镜就能观察景物，而且是没有倒置的影像。所以，单反相机在取景、对焦上的操作上都十分便利。

摄影中，当按动快门时，反光镜会立刻弹起来，同时镜头的光圈也会自动收缩到预先设定的数值，当曝光结束后，快门关闭，反光镜和镜头的光圈同时复位。这就是我们常说的单反技术，数码相机采用这种技术后就成为了数码单反照相机。作为专业级的数码相机，用其拍摄出来的照片，无论是在清晰度还是在照片质量上都是一般相机不可比拟的。

单镜头反光的取景方式基本上就意味着专业定位，这也注定了数码单反相机的专业道路，即使是面向普通用户和发烧友的产品也拥有大量过人之处。

1.2.2 成像过程

数码相机的成像过程要比胶片相机复杂得多，成像技术在技术上也日新月异地变化着。但是无论数字成像的技术如何发展，成像原理和基本的要素还是与胶片成像的过程相类似。只是通过镜头的光线不再投射到胶片上了，而是投射在由半导体元件构成的感光器的光敏单元上，如右图示。下面是生成影像过程的具体步骤。

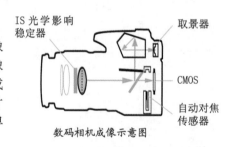

数码相机成像示意图

（1）景物反射的光线通过镜头透射到感光元件上。

（2）当感光元件经过一定时间曝光后，光电二极管受到光线的激发释放出电荷，感光元件的电信号便由此产生。

（3）CCD控制芯片利用感光元件中的控制信号线路对光电二极管产生的电流进行控制，由电流传输电路输出，CCD会将一次成像产生的电信号收集起来，统一输出到放大器。

（4）经过放大和滤波后的电信号被送到A/D，由A/D将电信号（此时为模拟信号）转换为数字信号，数值的大小和电信号的强度即电压的高低成正比。这些数值其实就是图像的数据了。

（5）不过单依靠第（4）步所得到的图像数据还不能直接生成图像，还要输出到数字信号处理器（DSP）中。在DSP中，这些图像数据被进行色彩校正、白平衡处理（视用户在DC中的设定而定）等后期处理，编码为DC所支持的图像格式、分辨率等数据格式，然后才会被存储为图像文件。

（6）最后，图像文件被写入存储器。

1.3　数码单反相机的组成部分

1.3.1　机身

在开始使用数码单反相机进行拍摄之前，让我们首先来了解相机各部分的名称。这里我们使用Canon EOS 5D Mark Ⅱ为例来进行介绍。

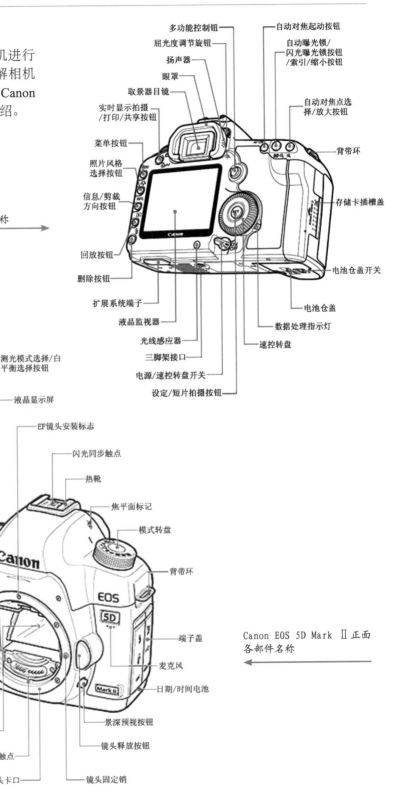

Canon EOS 5D Mark Ⅱ背面各部件名称

多功能控制钮
屈光度调节旋钮
扬声器
眼罩
取景器目镜
实时显示拍摄/打印/共享按钮
菜单按钮
照片风格选择按钮
信息/剪裁方向按钮
回放按钮
删除按钮
扩展系统端子
液晶监视器
光线感应器
三脚架接口
电源/速控转盘开关
设定/短片拍摄按钮

自动对焦起动按钮
自动曝光锁/闪光曝光锁按钮/索引/缩小按钮
自动对焦点选择/放大按钮
背带环
存储卡插槽盖
电池仓盖开关
电池仓盖
数据处理指示灯
速控转盘

自动对焦模式选择/驱动模式选择按钮
测光模式选择/白平衡选择按钮
液晶显示屏
EF镜头安装标志
闪光同步触点
热靴
焦平面标记
模式转盘
背带环
端子盖
麦克风
日期/时间电池
景深预视按钮
镜头释放按钮
镜头固定销

ISO感光度设置/闪光曝光补偿按钮
液晶显示屏照明按钮
主拨盘
快门按钮
遥控感应器
自拍指示灯
相机手柄/电池仓
直流电源连接线孔
反光镜
触点
镜头卡口

Canon EOS 5D Mark Ⅱ正面各部件名称

1.3.2 镜头

单反相机之所以能获得专业摄影师和摄影爱好者的喜爱，和它庞大的镜头系统支持是分不开的。尼康品牌的部分数码单反相机甚至可以使用其最早生产的单反相机镜头。

镜头是相机成像质量的保证，它关系到摄影作品的清晰度、色彩甚至构图。了解镜头，就等于了解了自己的"第三只眼睛"。镜头的作用是成像，外部结构基本为有限的操作部分，内部基本构成部分是镜片、光圈和镜筒。而在电子技术高速发展的今天，众多先进的有利于拍摄和成像的技术，如超声波对焦系统、防抖动（减震）系统等也被加入进来。

对焦环：有超声波对焦功能的镜头中，自动对焦的同时可以进行手动调焦。没有超声波功能的镜头自动对焦时对焦环也转动，因此不能同时进行手动对焦

镜头信息触点：通过这些触点将镜头得到的信息传送给机身

镜头前端丝口：用于旋入滤镜等附件

镜头接口：连接镜头与机身，需要注意的是不同品牌的相机接口一般不同

镜头性能参数标识：包括镜头焦距、光圈、所用镜片、对焦技术等一系列性能在内的标识

变焦环：通过旋转来调整焦段位置

镜头焦距状态、对焦距离状态、镜头安装指示标记

遮光罩卡槽：将遮光罩上的指示标记对准镜头上的安装标记，将遮光罩转动约90°旋入卡槽

镜头功能操作切换开关：开关在"A"处镜头处于自动对焦状态，开关在"M"处镜头处于手动对焦状态。镜头功能不同，开关多少也不同，有些镜头的操作方式也不同

1. 数字镜头

针对数码相机而研发生产的镜头通常称为数字镜头，不同的相机厂商针对自己的数码相机生产的镜头都有专用的标识，并在镜身标示清楚。这类镜头与传统相机的区别主要有两个方面，一方面是镜头的镜片技术差别，为了发挥数码相机越来越高的像素优势，数码镜头的分辨率、色散控制等方面也相应提高。另一方面是镜头视角的差别，多数数码相机的感光元件尺寸小于传统相机的尺寸，同等焦距镜头的视角有很大差别。

不同的相机厂家其数字镜头的标识也不同，通常情况下有两种规格的数字镜头，一种是没有专门标识的传统镜头，可用于数码单反相机上，也有厂商开发的适用于全画幅数码单反相机的数字镜头（当然也能用于传统相机）。另一种是专门针对小于传统画幅（APS-C）而开发的专用数字镜头，不同厂商有不同的标识。尼康以DX来表示，佳能以EFS来表示，其他相机和镜头厂商也有自己的标识。这类镜头的像场是根据APS-C而研发的，小于传统相机的画幅，因而不能用于全画幅数码单反相机，若安装在全画幅相机上，成像往往只有画面的中心部分，画面周围呈现暗角。

数字镜头的质量越来越好了，但相对于手动镜头成像质量还是差一些

2. 镜头的口径

镜头最前端镜筒的直径指的就是镜头的口径。镜头的规格不同，它的直径大小也有差别，最前端镜筒直径也有差别，设计师们在设计镜头时往往尽量统一镜头的口径，目的是为了滤镜等附件之间能通用。常见的口径规格有：φ49、φ52、φ56、φ58、φ72、φ77等。

72mm口径镜头

需要注意的是在购买多枚镜头时应考虑口径的统一性，这样购买和使用滤镜等附件会方便很多。

（1）对焦距离表

对焦距离表

对焦清晰后物体离焦点之间的大概距离会在镜头上标示出来，这一部分就是对焦距离表，对焦距离表以公制米（m）和英制英尺（ft）（1英尺=30.48cm）表示，当某个数字位于镜头中心指示标尺处时，表示目前物体离焦点的距离。

（2）最近对焦距离

距离表上最小的数字就是镜头的最近对焦距离，最近对焦距离也是镜头性能的重要部分，对于大部分镜头来说，最近对焦距离越近，镜头的拍摄能力也就越强。当对焦距离小于最近对焦距离时，相机则无法聚焦。

0.6m最佳对焦距离

需要我们注意的是：镜头的最近对焦距离不是从镜头的前端算起的，而是从相机的焦平面（也就是感光元件成像的位置）算起，多数相机会在机身上标明焦平面的位置。

（3）镜头的放大倍率

放大倍率是指镜头在最近对焦距离下，拍摄物体和感光元件成像之间的比率（即物像比），比率1:3表示感光元件上的成像是实物的1/3，1:1则表示最近对焦距离下物像大小一样。

微距镜头放大倍率

1.3.3 光圈

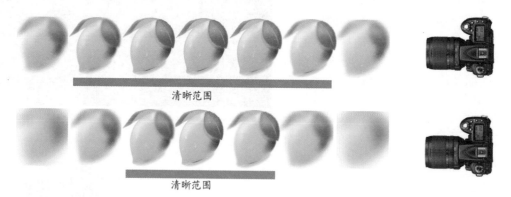

清晰范围

清晰范围

光圈配合快门完成曝光，但它的另一个神奇的作用就是通过控制光圈的大小可以让我们拍摄的物体虚实相间，呈现出不同的"景深"。

1. 什么是景深

景深指的是"影像焦点前后我们眼睛能够接受的一段清晰范围"。就是当我们对焦清楚后，焦点前方和后方各有一段距离内的被摄物是相对清晰的，那么包括焦点在内前方到后方的这段清晰范围就称为"景深"。景深是镜头的光学特性，选用任何光圈都会产生相应的景深，实际拍摄中光圈并不是随意选择的。景深的合理控制可以使我们的图像达到意想不到的效果，但控制不好也可以使原本不错的景像变得很差。

画面中都清晰，景深大

画面主体物清晰，景深小

2. 决定景深的其他因素

光圈大小影响景深范围，除此外还有两方面因素影响着景深，一个是拍摄距离的远近，较远距离拍摄被摄体的图像比近距离拍摄被摄体时的景深要大。另一个是镜头的焦距，长焦距镜头可以获得比短焦距镜头更小的景深。

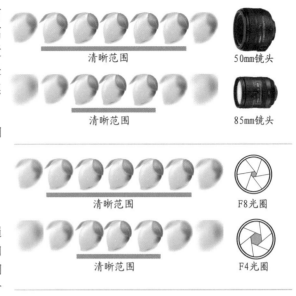

清晰范围　　50mm镜头

清晰范围　　85mm镜头

清晰范围　　F8光圈

清晰范围　　F4光圈

光圈、焦距和拍摄距离对景深的影响遵循以下规律：

光圈大、景深小；光圈小、景深大。

焦距长、景深小；焦距短、景深大。

物距近、景深小；物距远、景深大。

不过这个规律指的是影响景深的普遍规律，也是我们使用中最受益的规律。拍摄中光圈、焦距、拍摄距离对景深的影响是相互制约的，是同时影响景深的。有一概念我们需要清楚，景深中所说的清晰范围只是人眼观察起来感觉清晰的范围，是相对的，绝对清晰的只有焦点平面。

3. 景深预览

在传统摄影时代，我们只能在拍摄完36张胶片后才能知道自己所拍摄图片的景深效果，这是非常恼人的事情。因为镜头在取景状态下总是处于最大光圈，好让我们在最明亮的条件下清晰地观察被拍摄景物，但此时在取景器中看到的是最小景深的效果。好在前人早已发明了"在拍摄前预先看到景深效果"的按钮，这种相机上的"景深预览"功能可以使我们在拍摄之前能够预览景深。其原理就是在拍摄前将光圈收缩到设置的大小好让我们查看景深，通常按下景深按钮后，取景器内所看到的影像会不同程度地变暗，因为光圈越小进光量越少，取景器中也就越暗，不过我们在预览时不必关注取景器的亮暗，应当注意焦点前后景物清晰的范围，也就是景深，当然在设定最大光圈时就不必使用景深预览按钮了，因为取景器中平时看到的就是最大光圈的景深效果。

景深功能按钮

没有按下景深预览按钮之前相机取景器中的图像

按下景深预览按钮之后，取景器中的景物变暗

1.3.4　镜头的焦距、视角

　　焦距（focal length）是一个光学概念，指的是在凸透镜成像中，一束平行于凸透镜主轴的光穿过凸透镜时，在凸透镜的另一侧会被凸透镜汇聚成一点，这一点叫作焦点，焦点到凸透镜光心的距离就叫这个凸透镜的焦距。照相机中，从镜头的镜片中心到底片或CCD等成像平面的距离就是镜头的焦距，焦距用"f"表示。通常我们所说的焦距指的是单片透镜的焦距，数码单反相机的镜头都由多枚或多组透镜组成，所以焦距的算法与单片透镜不同，这里就不做详细讨论了。

　　"视角"指的是镜头取景所涵盖的范围，用代表角度的扇形表示，一般指的是水平方向角度。镜头的焦距不同，视角就不同，拍摄者拍摄时距离被摄物体的距离也有所差别。相机厂商生产庞大的镜头群的目的就是为了尽量涵盖较大范围的视角，能够在不同的距离进行拍摄。

　　焦距的长短是照相机镜头分类的重要标志，镜头的焦距等于或接近该照相机成像面积的对角线长度的镜头称作该照相机的标准镜头。

　　镜头的焦距还决定了镜头的水平视角。标准镜头的视角在40°左右。焦距短于标准镜头焦距的镜头，称为广角镜头、超广角镜头或鱼眼镜头，其镜头的视角较大。焦距长于标准镜头焦距的镜头，称为中焦镜头、长焦镜头或超长焦镜头，其镜头的视角较小。

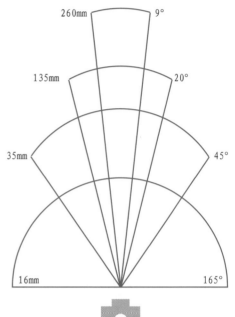

焦距与视角的关系，图中的数值为约值

65mm镜头拍摄景物的取景范围

85mm镜头拍摄景物的取景范围

1.3.5 数码单反相机镜头的等效焦距和焦距转换系数

虽然说数码单反相机的感光元件发展到今日已经有了长足的进步，但是在CCD的尺寸上能和传统胶片（24mm×36mm）相同的还是少数。然而现在的单反系统是建立在传统单反相机的基础上，故此，很多数码相机生产厂商以原有的单反系统为参照，以较小的感光元件和较短的焦距相组合，重新开发了新的标注方式——焦距转换系数。

这类镜头的实际焦距不变，但是安装在不同感光元件面积的数码单反相机上，其视角和传统单反相机的某一焦距段的视角相同，我们说这个焦距是这枚镜头的等效焦距，它和传统单反相机焦距相差的倍数就是焦距转换系数。现在的相机厂商专门针对感光元件面积小于传统相机尺寸的数码单反相机制定了新的镜头系统，一般都标注在镜头上。例如，尼康是DX系列镜头，佳能是EF-S。

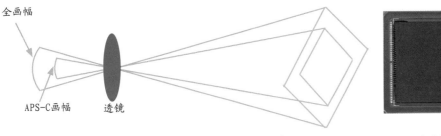

全画幅相机与APS-C画幅单反相机的成像原理示意图　　　　全画幅CCD尺寸

全画幅相机使用100mm镜头拍摄远处的美女　　　　非全画幅相机使用100mm镜头拍摄远处的美女

1.4 相机的常见拍摄模式

1.4.1 风光模式

风光模式比较适合拍摄具有广阔空间感的风景。与其他自动模式相比，风光模式在景物的色彩表现上饱和度较高，可以把天空和绿色表现得非常鲜艳，拍摄出清晰而鲜明的照片。

在使用风光拍摄模式进行拍摄时，如果想要进一步强调风景的展现和深度，就应该选择使用广角镜头。这样可以得到比从眼前到远处更准确对焦的照片。即使是标准变焦镜头，也尽量使用广角端，这样拍摄出来的照片更具广阔的空间感。

在风光拍摄模式下，内置闪光灯不会自动闪光，所以也可以拍摄没有人物的夜景。但是，在夜景拍摄中，快门的速度会变得比较低，所以应该使用三脚架来防止相机的抖动。如果想要在夜景中拍摄人像，可以选择使用夜景人像拍摄模式，此种模式可以更漂亮地拍摄出人物及夜景的照片。

105mm F4 1/800s ISO100
使用风景模式拍摄风景照片，照片的品质特别符合风景照片的特性

1.4.2 人像模式

采用人像模式拍摄时，相机会将镜头的光圈设定成接近全开状态，使焦点只对准人物，这样有利于虚化人物的背景。

在拍摄中，希望通过虚化背景来凸现人物主体的时候，使用人像模式非常有效。设置成人像模式以后，可以拍摄出背景虚化的照片。由于画质的调整也变成对人像的调整，所以与其他自动模式相比，照片中人物的肌肤、头发会显得更加柔美。而且，在逆光或暗光照条件下闪光灯会自动闪光，为人物进行补光。在人像模式下，驱动模式会自动设置成连拍状态，所以如果持续按快门按钮，则会进行连拍。

另外，如果想得到更加虚化的背景，就应该尽可能地把人物和背景之间的距离拉开。在变焦镜头中，适宜把镜头设定为远焦端，将焦点对准在人物的脸上，此外若使用远摄镜头，则效果更佳。

135mm F3.5 1/400s ISO100
拍摄人像时一般使用人像模式

1.4.3　运动模式

运动拍摄模式适合拍摄从人物的运动姿态到赛车等把焦点对准运动主体的照片。它是一种把人工智能伺服自动对焦与高速快门组合在一起的模式。持续按下快门按钮，还可以进行连拍。

拍摄运动主体的时候，拍摄者与被摄体之间的距离一般都很远。所以，如果有远摄镜头，就可以把被摄体拍得很大。拍摄动态物体时，即使采用运动模式，与一般摄影相比会出现很多手抖动或者错过拍摄时机的问题。防止这些情况发生的要点是通过连拍增加拍摄照片的数量。另外，如果被摄体从画面中移出，焦点就会移动到背景处，再返回到被摄体上时多少需要一些时间，所以需要注意。

300mm F4 1/800s ISO400
要想很好地抓拍天空翱翔的鹰，先把相机的对焦模式设置到多次伺服自动对焦模式，方便很准确地对运动的鹰进行对焦，而且拍摄的快门速度要很快，否则拍摄的鹰就会模糊

100mm F2.8 1/1800s ISO400
人物运动中的抓拍效果，要使用高速度快门

1.4.4 微距模式

100mm F3.5 1/350s ISO200
微距模式拍摄的蜻蜓，能让人更清晰地看清楚它（这些照片是使用微距镜头成像）

100mm F3.5 1/350s ISO200

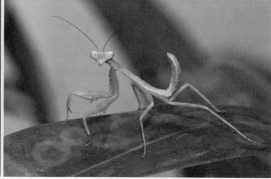

100mm F4 1/250s ISO200

利用微距拍摄模式可以轻松地把昆虫、花朵及小物件等小的被摄体拍摄得很大。此种模式还可以用于拍摄手工艺品及在网上拍卖的小物品等。

在弱光条件下，内置闪光灯会自动弹起并闪光，所以还可以防止抖动。但是，具体可以放大拍摄到什么程度是由拍摄过程中使用的镜头性能来决定的。如果想要将物体拍摄出更大的效果，可使用变焦镜头的远摄端。

如果使用微距镜头，即使是很小的东西也可以拍摄得很大。采用微距模式拍摄的时候，如果能选择比较清净的背景，将更容易突出表现被摄物体。

注：微距模式在实践拍摄中会受到相机镜头最近对焦距离的限制。

1.4.5 手动模式

手动模式（manual mode）是指除自动对焦外，光圈、快门、感光度等与曝光相关的所有设定都必须由拍摄者事先完成。对于初学者和拍摄诸如落日一类的高反差场景以及要体现个人思维意识的创作性题材图片时，建议使用手动曝光，这样我们可以依照自己要表达的立意，任意改变光圈和快门速度，创造出不同风格的影像，而不用管什么18%的灰度色了。在手动模式下曝光正确与否是需要自己来判断的，但在使用时必须半按快门释放钮，这样就可以在机顶液晶屏上或观景窗内看到内置测光表所提示的曝光数值。

那么何时需要手动设置呢？首先相机设定曝光最长时间为30s，只有在快门优先和手动模式下被摄者才能够进行长时间快门速度设定，其他模式下都是相机根据光线条件自动设定的。另外，相机的最高闪光同步速也只能在这两个模式下设定，通常相机默认的同步速度为1/60s。最后，由于相机内置测光表无法测量瞬间光源，因此在影棚内使用影室闪光灯拍摄时，也只能使用手动模式参照测光表，获得正确曝光。

45mm F11 1/400s ISO100
手动模式自己根据测光设定光圈大小、快门速度

1.4.6 夜景人像模式

在夜晚拍摄人物时，需要打开闪光灯，但常常人物曝光正常，背景却一片漆黑。使用夜景人像模式，相机的设置会自动弹出内置闪光灯对人物进行补光，并在背景夜景曝光和闪光灯补光曝光之间找到一个平衡（放慢快门速度使背景充分曝光，输出适量闪光使人物正常曝光），使背景和人物在不同的光线下都曝光正常。

需要注意的是：夜景人像曝光的时间也比较长，使用三脚架会使背景避免晃动而模糊。同样在室内灯光条件下拍摄人物选用夜景人像模式也可以得到环境和人物曝光都比较理想的作品。

50mm F2 1/20s ISO400
在室内拍摄照片，把光圈开到最大，让更多的光线进入

1.5 相机的主要曝光模式

1.5.1 全自动（AUTO）模式

全自动模式就是与曝光相关的设定（测光模式、光圈、快门、感光度白平衡、对焦点、闪光灯等）都由相机自动设定,通俗地说就是"傻瓜"模式。在这种模式下，拍摄者只需关注拍什么就行了，剩下的事情由相机来决定，对于不具备任何曝光知识、没有摄影经验的人来说，这是最便捷的摄影模式了。但这种模式通常是运用在入门级数码相机和部分准专业级数码相机上，而高端的专业级数码单反相机是不具备此功能的。

全自动模式在大多数场景下都可获得效果不错的照片，但是拍摄者只能任由相机安排，无法控制闪光、速度、景深等，拍摄者自己主观控制画面效果的可能性几乎不存在。从这一点来说，全自动模式是一个方便而又不自由的模式，对于想掌握较高水平的摄影知识的拍摄者，我们不提倡使用这个功能。

35mm F11 1/500s IS0100
对于拍摄反差非常适中的风景照片，使用全自动模式也能很好地曝光

1.5.2 光圈优先（AV）模式

光圈优先模式是一个图像曝光由手动和自动相结合的"半自动"模式，这一模式下光圈由拍摄者设定（光圈优先），相机根据拍摄者选定的光圈结合拍摄环境的光线情况设置与光圈配合达到正常曝光的快门速度。

这一模式体现的是光圈的功能优势，光圈的基本功能是和快门组合曝光，还有一个重要功能就是控制景深，选择了光圈优先功能，也可以说是选择了"景深优先"功能，需要准确控制景深效果的摄影者往往选择光圈优先功能。

135mm F2 1/350s IS0100
光圈设置到最大位置，大光圈虚化背景

35mm F16 1/450s IS0100
光圈设置到最小位置，小光圈大景深效果

Tv

1.5.3 快门优先（TV）模式

快门优先模式也是一个图像曝光由手动和自动相结合的"半自动"模式，与光圈优先模式相对应，这一模式下快门由拍摄者设定（快门优先），相机根据拍摄者选定的快门结合拍摄环境的光线情况设置与快门配合达到正常曝光的光圈。

不同的快门速度拍摄运动的物体会获得不同的效果，"高速快门"可以使运动的物体"呈现凝结效果"，"慢速快门"可以使运动的物体"呈现不同程度的虚化效果"，手持拍摄时快门速度的选择也是保证成像清晰或运动物体清楚的关键因素。

50mm F11 1s ISO100
快门速度设置到1s时，流水的形态

35mm F2.8 1/10s ISO250
快门速度设置到1/10s时，流水的形态

35mm F2 1/125s ISO200
快门速度设置到1/125s时，流水的形态

1.5.4 程序（P）模式

P

程序自动模式，简称"P"模式，此模式是相机将若干组曝光程序（光圈快门不同的组合）预设于相机内，相机根据被摄景物的光线情况自动选择相应的组合进行曝光。通常在这个模式下还有一个"柔性程序"，也称程序偏移，即在相机给定曝光相应的光圈和快门时，在曝光值不改变的情况下，拍摄者还可选择另外组合的光圈快门（等量曝光原理），可以侧重选择高速快门或大光圈。

程序自动模式的自动功能仅限于光圈、快门的调节，而有关相机功能的其他设置都可由拍摄者自己决定，如感光度、白平衡、测光模式等。这是一个自动与手动相结合的曝光模

65mm F8 1/800s ISO100
P程序曝光只适合拍摄景物反差小的景物

式，在方便快捷的同时又能给拍摄者自由发挥的空间，初学摄影者可从此模式入手了解相机的曝光原理和相机的设定功能。

1.6 相机的测光模式

1.6.1 选择合适的测光模式

面对不同的环境、不同的被摄体、不同的光线条件，摄影者应选择相对应的测光模式。现在的数码单反相机一般都有5种左右的测光模式：第一种是点测光模式，通过某一点的区域进行测光；第二种是矩阵测光模式，适用于多数场景下的顺光、侧光、散射光等环境的亮度，景物大多反差适中，没有过暗或者过亮的地方；第三种是评价测光，是将取景画面分割成若干测光区域进行评测；第四种是局部测光模式，是当主体在画面的面积较小，或者主体处于阴影、背光等环境下时适用的测光模式；第五种是中央重点平均测光模式，是针对主体位于画面的中央位置，且主体的灰度色约为18%，或者摄影者希望主体的灰度色凝固在画面上时，是18%的灰度色。

1.6.2 点测光模式

点测光模式下测光元件测量画面中心很小的范围。点测光是专业摄影师常用的测光模式，我们可以把相机镜头多次对准被摄主体各部分，逐个测出其亮度，最后由摄影者根据测得的数据决定曝光参数。点测光在人像拍摄时也是一个好武器，可以准确地对人物局部（如鼻子、眼睛）进行曝光。

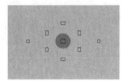

1.6.3 矩阵测光模式

矩阵测光模式和评价测光差不多，都是在画面中测量很多个区域，按平均18%的灰度认为是正确的曝光，给出一个曝光组合。在舞台、演出、逆光等场景中这种模式最为合适。不过由于矩阵测光（分割测光）模式的兴起，这种模式现在已经逐渐较少在相机中出现了。而佳能是坚持采用中央部分测光（局部测光）的厂商，这可以让没有点测光功能的相机在拍摄一些光线复杂条件下的画面时减小光线对主体的影响。

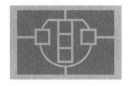

135mm F2 1/400s ISO100
用点测光模式对人物的脸部测光，确保测光的准确性

35mm F11 1/250s ISO100
矩阵测光拍摄风景照片是非常好的选择

1.6.4 评价测光模式

评价测光的测光方式是一种比较新的测光技术。评价测光的测光方式与中央重点测光最大的不同就是评价测光将取景画面分割为若干个测光区域，每个区域独立测光后再整体整合加权计算出一个整体的曝光值。最开始推出的评价测光一般分割数比较少，佳能、美能达、宾德等品牌的相机也都有类似的测光模式设计，区别仅在于测光区域分布或者分析算法不同。

多区评价测光是目前最先进的智能化测光方式，是模拟人脑对拍摄时经常遇到的均匀或不均匀光照情况的一种判断，即使对测光不熟悉的人，用这种方式一般也能够得到曝光比较准确的照片。这种模式适合于大场景的照片，如风景、团体合影等，在拍摄光源比较正、光照比较均匀的场景时效果最好，目前这种模式已经成为许多摄影师和摄影爱好者最常用的测光方式。

1.6.5 局部测光模式

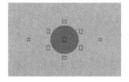

局部测光为的是确定画面中央部分的曝光，它可对被摄体各个部位进行精密的测光。在500D中对取景器中央部位大约9%的区域进行测光。这种模式多用于在逆光情况下，仅希望测算主要被摄体的光量时。

50mm F8 1/800s ISO100
平均测光模式下相机综合取景器中景物的亮度给出一个最合适的曝光数值

100mm F3.5 1/300s ISO100
主体景物比较小的时候用局部测光，以花为主体测光

1.6.6 中央重点平均测光模式

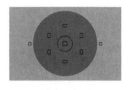

中央重点测光是一种传统测光方式，它主要是考虑到一般摄影者习惯将拍摄主体也就是需要准确曝光的东西放在取景器的中间，所以这部分拍摄内容是最重要的。因此负责测光的感官元件会将相机的整体测光值有机地分开，中央部分的测光数据占据绝大部分比例，而画面中央以外的测光数据作为小部分比例起到测光的辅助作用。经过相机的处理器对这两格数值加权平均之后的比例，得到拍摄的相机测光数据。大多数相机的测光算法是重视画面中央约2/3的位置，对周围也给予某些程度的考虑。这种测光模式适合拍摄个人旅游照片、特殊风景照片等。

135mm F2 1/500s ISO100
中央重点测光是拍摄人像最常用的测光模式，这种测光模式能对主体测光，还兼顾周围景物测光

1.7 相机的对焦与驱动模式

1.7.1 对焦模式

对焦是拍摄照片的基础之一，它左右着照片的好坏。虽然对焦操作很简单，但也应掌握其基础知识，勤加练习以便保证对焦效果。

数码单反相机有两种对焦方式：自动对焦（AF）和手动对焦（MF）。自动对焦（AF）又分为多种不同的对焦模式，常见的包括单次自动对焦（AF-S）、连续自动对焦（AF-C）和智能自动对焦（AF-A）。

自动对焦是对过去采用手动方式合焦的操作进行了自动化。半按快门按钮后，自动对焦功能将启动，开始进行自动对焦，是非常方便的功能。

1. 单次自动对焦（ONE SHOT）

单次自动对焦的工作过程是：半按快门启动自动对焦，在焦点未对准前对焦过程一直在继续。一旦处理器认为焦点对准以后，自动对焦系统停止工作，焦点被锁定，取景器中的合焦指示灯亮起。只要将快门完全按下就完成一次拍摄过程了。

使用单次自动对焦时，如果对焦完成之后，完全按下快门之前，被摄主体移动了，拍摄到的就很可能是一张模糊的照片。

2. 连续自动对焦（AI SERVO）

由于单次自动对焦不能很好地"跟踪"运动中的物体，给一些拍摄带来了很大的不便，因此需要使用连续自动对焦方式来跟踪拍摄不断变化的运动主体。

35mm F11 1/100s ISO100
以花进行聚焦，后面的背景就被虚化了

与单次自动对焦工作过程不同的是，连续自动对焦在处理器"认为"对焦准确后，自动对焦系统继续工作，焦点也没有被锁定。当被摄主体移动时，自动对焦系统能够实时根据焦点的变化驱动镜头调节，从而使被摄主体一直保持清晰状态。这样在完全按下快门时就能保证被摄主体对焦清晰。

300mm F4 1/800s ISO200
连续自动对焦模式下拍摄飞翔的鸟，相机会自动选择鸟作为焦点，这样就更方便我们抓住它在天空翱翔的姿态，不必太费心思在对焦上，否则会错过很多精彩的瞬间

3. 手动对焦

如果自动对焦无法合焦或者无法正确合焦，就需要切换到手动对焦模式，切换的方式根据相机的生产厂商和型号不同也略有区别。大多数相机的切换开关位于镜头上，当对焦切换开关位于**MF**挡时，表示处于手动对焦状态。

在下列情况下，使用手动对焦功能更方便对焦。

（1）被摄主体光线太暗或者现场光线严重不足。

（2）被摄主体发光、有反光或者背景太亮。

（3）被摄对象反差太强或太弱。

（4）直接对着白墙或者天空拍摄。

（5）透过模糊的玻璃拍摄。

50mm F11 1/1000s ISO100

天空与云的反差很小的时候，相机不能对焦，这时就要使用手动对焦模式

1.7.2 驱动模式

数码相机的驱动模式通常有四种：单张拍摄、低速连拍（CL）、高速连拍（CH）、自拍，根据拍摄内容不同选择不同的驱动模式。单张模式常用于日常一般性的题材拍摄。拍摄运动的物体时选用连拍模式，被摄体运动快时选用高速连拍，被摄体运动速度慢则选用低速连拍，拍摄新闻、体育等题材时，高速连拍的作用就非常显著了。

105mm F4 1/350s ISO100

用长焦镜头拍摄人像，虚化背景

1.8 拍摄清晰照片的技巧

1.8.1 对焦

焦点影响整幅画面的质量和氛围，选择正确的焦点是拍出成功照片的先决条件，而构图决定焦点的位置。例如，风光摄影中一般拍摄的都是大场景，清晰度以及清晰范围的要求都比较大，也就是有大景深。如果有前景，焦点要放在前景上；没有前景的话，直接对焦在无穷远处，才能保证画面的整体清晰。拍摄植物时，可以选择形状、颜色比较有特点的花或者叶片作为焦点。拍摄花卉时，焦点应该落在花蕊的部位。拍摄人像时，眼睛是焦点的第一选择。在拍摄中，尽量找到最能体现被摄体特点的部位作为焦点或者根据自己的拍摄意图找到最有表现力的焦点。

1.8.2 使用独脚架

独脚架用一支腿来替代标准三脚架的三支腿。独脚架易于携带、方便移动，比三脚架轻，约束更少，也更加快捷，非常适合轻便户外数码摄影。但是独脚架并非三脚架的替代品，对于真正的低亮度曝光，三脚架仍然是唯一的选择。独脚架的意义在于：在提供相当程度的便携性的同时，按安全快门速度放慢3挡左右。长时间的曝光，比如1s以上的快门速度，就不适合使用独脚架了。

45mm F5.6 1/350s ISO100
拍摄人物焦点一定要放在人物的眼睛上

在实际应用中，独脚架能抓住手持或者使用三脚架所不具备的一些摄影机会。比如，在室内人比较多的情况下，要使用长焦镜头拍摄模特儿。这时候灵活机动的独脚架就派上大用场了。再比如，到户外旅游或者爬山时，独脚架的携带就显得非常方便，而且独脚架还可以作为登山手杖使用。

在使用独脚架时，要尽量将独脚架延伸到相机可以与视线平齐；手握在独脚架的最上方，尽量保持独脚架的垂直。

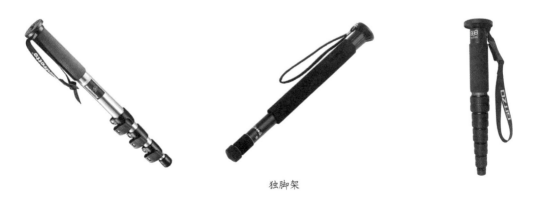

独脚架

1.8.3　使用三脚架

为了获得清晰的拍摄效果，即使在光线充足的情况下，至少要使用1/60s以上的快门速度才能消除手持相机晃动的干扰。所有的数码单反相机在拍摄时都能够显示所使用的快门速度和光圈的大小数值，当快门速度低于1/60s时，尤其是光线条件较差时，需要使用三脚架固定相机或者强制开启闪光灯。

三脚架

200mm F4 1/500s ISO100
使用了1/500s的快门速度拍摄，鸟很清晰

200mm F8 1/125s ISO100
快门速度为1/125s时，低于安全快门，拍摄的鸟很模糊

1.8.4　安全快门

快门速度不同被摄体的表现方式也不同。简单地说，快门速度表示光线照射图像感应器的时间长短。根据快门结构的不同，其动作及系统也有很大差异。数码单反相机所采用的快门形式为焦平面快门，通过2片具有遮光性的快门帘幕的动作来调节曝光时间。在成像方面，当快门速度提高时，可以将高速运动的被摄体凝固于画面，而当快门速度降低时，将产生被摄体抖动。被摄体抖动是因快门速度相对于被摄体的运动速度过低所产生的现象；被摄体运动之所以能够凝固于画面，是因为在图像感应器曝光时，快门速度比被摄体的运动速度更快。

快门速度在影响被摄体运动的同时，还通过控制图像感应器受光时间长短来精确控制曝光量。当图像感应器表面受光一定时，如果快门的开放时间延长了，需要相应缩小光圈，相反，当采用高速快门时，应打开光圈以便获得更多光量。快门速度与光圈值之间有着密不可分的关系。快门速度对照片最终效果有着非常重要的影响。

在光线昏暗的环境下，如果不启用闪光灯，拍摄的照片很容易出现模糊的现象；采用镜头的长焦端拍摄，也很容易出现模糊的现象。这是因为拍摄时的快门速度没有达到安全快门，手的抖动就会直接反映到照片中，导至出现拍虚的情况。简单地说，就是要保证手持稳定拍摄的快门速度。高于这个快门速度，就能够保证手持拍摄的稳定性；低于这个快门速度，手的晃动可能会造成照片模糊。

	安全快门
人物走路	1/125（要比安全开门快）
拍摄电视	1/45（比安全快门慢，才能把电视上的图像拍摄下来）
闪光同步	快门速度要比闪光同步速度慢，拍的照片才会被闪光灯打亮
长焦镜头	快门速度要比镜头焦距的倒数更快，才能保证长焦镜头拍摄的图像清晰

1.9 正确的持机方法

正确的单膝跪姿正面

正确的单膝跪姿侧面

正确的站姿拍摄正面

正确的站姿拍摄侧面

正确的站姿拍摄正面

错误的站姿拍摄姿势

　　采用正确的拍摄姿势能够让我们顺利完成拍摄，保证拍摄质量。为了防止出现手抖动，应该掌握正确的相机持机方法。

　　在竖向持机时，握持相机手柄的手一般位于上方。但当握持手柄的手位于上方时手臂更容易张开，所以要特别注意。

　　在降低重心进行拍摄时，应该单膝着地，用一个膝盖支撑手臂，这样可防止出现纵向手抖动。在实际的拍摄过程中，除了使用三脚架固定相机进行拍摄外，持机方法和姿势随着拍摄场景的变化也应有不同的变化。但无论采用哪种持机姿势，都是要尽可能保证相机不出现抖动。

课后习题与思考

1.简单叙述什么是数码单反相机及相机的成像过程。

2.理解景深、镜头焦距和视角、数码单反相机镜头上的标识。

3.熟悉运用相机的拍摄模式和曝光模式，知道在什么样的情况下应选择什么样的拍摄模式。

第 2 章

摄影常识

2.1 相机图像的文件格式、大小和图像品质

2.1.1 相机图像的文件格式

当需要将拍摄的图像做成足够大的照片或印刷到足够大时，或者当想让相机拍摄的图像只做较小的照片或只为浏览使用时，可以通过相机上文件存储格式和文件大小的设置来满足这样的需要。为什么要进行文件格式和大小的设置呢？因为相机的文件格式、大小和图像的质量是相关联的，不同的存储格式能够提供不同品质，也就是细节、层次不同的图像，不同的大小可为我们提供最终尺寸不同的图像。

相机能为我们提供不同格式和不同大小的文件和相机对图像存储的方式有关。当光线投射到感光元件再通过影像处理器和A/D转换而后存储到存储卡时，会对影像信息进行压缩并存储成不同的文件格式，压缩存储的不同文件格式会导致影像不同程度的"失真"。同样来源的图像信息经过以上的过程，品质自然也就出现差别。

相机的影像品质菜单

目前数码相机使用的图像文件格式主要有三种：JPEG、TIFF、RAW，选用不同的图像文件格式存储时，相应的格式名称会后缀在文件编号后面，如"001.tiff"或"001.jpeg"。

不同的存储格式最终生成的图像品质和文件大小会有很大的差别，下面进行详细说明。

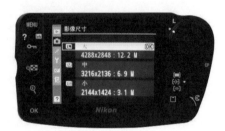

相机的影像尺寸菜单

4288×2848影像尺寸大小拍摄的图片

3216×2136影像尺寸大小拍摄的图片

2144×1424影像尺寸大小拍摄的图片

2.1.2 JPEG 文件格式

大自然中的小景也是非常漂亮的，多观察才能发现更多更好的景物

这张照片是用JPEG格式拍摄的，放大局部，细节少一些

这张照片是用RAW格式拍摄的，放大局部，细节比较丰富一些

目前JPEG格式是使用最广泛的图像文件格式，基本所有数码相机和图像处理软件都支持这种格式，在相机设置中若将文件格式设置成JPEG格式，图像的后期处理将会非常方便。

JPEG图像存储格式是一个比较成熟的图像"有损压缩"格式，它用有损压缩方式去除冗余的图像和彩色数据，获取极高的压缩率的同时又能展现十分丰富生动的图像。换句话说，就是可以用最少的磁盘空间得到较好的图像质量。如我们最高可以把36.5MB的TIFF文件压缩至5.5MB。通常一幅图片经过图像转化后，一些数据会丢失，但是，人眼是很不容易分辨出来这种差别的。JPEG图像存储格式既满足了人眼对色彩和分辨率的要求，又适当去除了图像中很难被人眼所分辨出的色彩，在图像的清晰与大小中JPEG找到了一个很好的平衡点，不会让我们感觉到"失真"。需要注意的是，JPEG格式每一次的图像处理、调整都会造成图像损失，因此JPEG格式不适合反复的处理、调整。

现在数码单反相机都会将格式按照不同的等级进行压缩，尼康相机按照FINE（精细）、NORMAL（一般）、BASIC（基本）出高到低三个等级进行压缩；佳能相机按照FINE、NORMAL两个等级进行压缩。按照不同等级压缩后的JPEG文件以不同的大小存储在存储卡中。压缩的等级不同最终图像的质量也不同。

但是在高速连拍模式下使用JPEG格式会提高相机的存储速度和连拍张数。对于需要高品质图像的摄影者，相机提供了其他有利于品质的格式。

2.1.3　TIFF 文件格式

　　TIFF也是数码图像的标准格式，是一种"无损压缩"的存储格式，被广大图像处理软件普遍支持，它的图像几乎不会"失真"。TIFF给使用者最深刻的印象应该就是其较大的文件占用空间。同样的图像设置为TIFF格式存储的文件量是JPEG的好几倍，这样一来，同样容量的存储卡存储TIFF格式的图像数量也大大降低，由于文件较大存储时需要较长的时间，在连拍和抢拍时会导致拍摄速度受影响，在消费和入门级的相机上有时连拍过后需要等待相机存储完毕才能继续拍摄。

135mm F3.5 1/350s ISO100

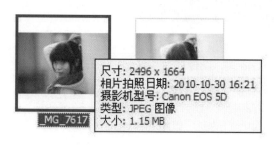

JPEG图像，文件大小1.15M

TIF图像，文件大小11.9M

2.1.4　RAW 文件格式

　　RAW是泛指一类图像文件格式，严格的说并非一种图像格式，而是相机的CCD或CMOS将光信号转换为电信号的"原始数据记录"，是未经处理和压缩的"原汁原味"格式，也有人形象地称之为"数码底片"。将其比作"底片"也是数码图像本身的特性决定的，使用RAW文件我们可以任意调整色温和白平衡，进行类似"暗房"的制作，而且不会造成图像质量的损失，保持了图像的品质。当我们设置RAW格式拍摄时，相机只会记录光圈、快门、焦距、ISO等数据，并不对所拍摄的图片进行任何加工，给摄影师的创作保留了很大的空间。相比于TIFF和JPEG格式，RAW最大的优势和最大的不同是不经压缩、处理的"原始数据记录"，数码摄影最值得玩味的就是RAW格式。

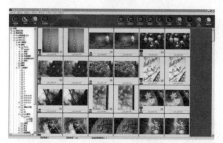

用DPP软件打开图片界面

打开的RAW格式图片

　　RAW和TIFF格式一样，是一种"无损压缩"格式，但是它存储文件大小也只有同样图像TIFF文件的一半左右，从存储空间上讲要比TIFF有明显的优势。需要注意的是RAW文件的调整必须使用相机厂家的专用软件，调整后存储为TIFF或JPEG格式。幸好现在部分软件在安装插件后可以兼容不同的RAW格式，处理不同品牌相机的RAW文件，为我们提供了方便。

2.1.5 RAW+JPEG 文件格式

互不兼容的RAW格式给后期处理带来了不
便，多数图像软件不能直接浏览RAW图像，
这就为使用带来了不便，因此相机厂家开发出
了"使用+浏览"的双重记录模式，在这种模
式下，拍摄一张图像相机可同时存储成两种文
件，一种RAW，一种JPEG，两个文件编号相
同，但文件后缀的名称不同，图像内容完全相

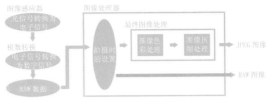

JPEG与RAW图像的产生

同，我们可以通过看图软件浏览JPEG格式，也就等于看到了RAW格式的文件内容，我们可以
通过JPEG格式来决定选择哪一张RAW格式图像来使用，相应的也就不需要将RAW文件压缩成
JPEG文件来满足小尺寸照片冲洗或设置桌面图片的需要。

RAW+JPEG在相机中可用RAW+JPEG（FINE）、RAW+JPEG(NORMAL)、RAW+JPEG（BASIC）
三种格式进行存储，它们之间的差别主要是JPEG格式压缩的差别，RAW文件不受任何影响。

2.1.6 RAW 图像格式特点

1. 获得丰富的细节

无论在暗部层次、亮部层次、色彩还是质感上，使用RAW格式拍摄的图像的细节比JPEG
要丰富得多。另外在后期调节中，RAW格式通过专用软件调节可将图像损失降到最低，而
JPEG格式在经过调解后图像质量会受到影响，而且每调整一次都会有损失。我们可以通过图
例进行详细的对比。

RAW格式图片在Photoshop CS4里打开的效果图，右侧可以进行曝光、对比度、亮度、饱和度等调整

2. 后期计算机调节白平衡

当被摄环境光源色温复杂或者需要图像展现多种色温效果的时候，使用RAW格式拍摄，
在后期处理中，可以通过软件在相机预设的白平衡模式之间选择调整，这使得图像的后期处理
能力显著提高，我们可以通过拍摄的一幅图像得到很多幅不同效果的图像。这是JPEG和TIFF
格式所不具备的。

2.2　镜头焦距划分

2.2.1　广角镜头

　　广角镜头具有宽广的视角和强烈的透视变化，一般不太适合人像照片的拍摄，因为广角镜头的透视变化会使人物的形象发生畸变现象，而且拍摄的画面过于丰富，不容易突出主体。广角镜头虽然不容易拍好人物，但是使用得当的话，这种镜头可以利用个性化的手法拍摄出风格独特、视角夸张的人物照片。

　　越来越多的人开始使用广角镜头拍摄人物照片，因为人物可以通过环境氛围对拍摄主题和风格进行表现。广角镜头可以拍摄人物全景，如果我们远离被摄者，畸变就会小一些，如果我们靠近被摄者，透视效果会加大很多。所以我们要根据摄影者的要求，来选择离被摄者的距离。还可以使用广角镜头低视角地拍摄人物照片，会使男孩更高大，女孩更高挑一些。如今婚纱摄影已经不单单拍摄室内照片，还会拍摄外景照片，通过环境来表现拍摄的主题人物时会用到广角镜头拍摄。

2.2.2　50mm 标准镜头

　　标准镜头是指焦距长度和所拍摄画幅的对角线长度大致相等的摄影镜头，其视角一般为45°～50°。随着画幅的尺寸增加，标准镜头的焦距也会发生变化，135胶片相机（全画幅相机）为40～60mm焦距的镜头，6cm×6cm画幅相机为75～80mm焦距的镜头，4英寸×5英寸（1英寸=2.54cm）为120～150mm焦距的镜头。50mm焦距的镜头就是我们常用的全画幅相机的标准镜头，视线比较接近人眼所观察到的景物范围，拍摄的效果也让大众容易接受，因此使用标准镜头拍摄人像照片可以得到自然真实的效果。一般50mm的标准镜头具有优异的画质，光圈更大。

30mm F11 1/500s ISO100
广角镜头拍摄的景物范围很广，表现出大好河山的美丽

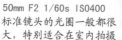

50mm F2 1/60s ISO400
标准镜头的光圈一般都很大，特别适合在室内拍摄

2.2.3 中焦定焦镜头

大光圈的中焦定焦镜头拍摄人物照片可以使背景虚化得非常完美，景深不一定非常浅，但是虚化的背景隐隐约约可以很好地突出人物。中焦定焦镜头无法调整焦距，因此要通过摄影师离拍摄人物的距离来进行取景，完成不同景别的构图。这种特性让摄影师提高了主观能动性，使摄影师在拍摄时更容易改变拍摄角度，使人像照片富于创造性。

2.2.4 标准变焦镜头

标准变焦镜头是使用最为普遍的镜头之一，如果使用一款恒定大光圈的标准变焦镜头拍摄人像，基本上都可以获得很不错的效果。标准变焦镜头的焦距范围一般在24～100mm范围内，摄影师只需要在一个拍摄点就可以完成多个不同景别的人物照片拍摄。如果背景虚化的程度不够时，可以离被摄人物更近一些拍摄。

2.2.5 长焦镜头

使用长焦镜头拍摄人物，不易发生变形。为了能使人物肖像背景更为简单，我们可以利用长焦镜头加大光圈虚

135mm F3.5 1/250s ISO100
中定焦镜头的成像质量很好，特别时候拍摄人像

135mm F2 1/400s ISO100
标准变焦镜头能够满足日常拍摄的很多需要

化背景，这种效果会使整个画面更简洁，突出人物主体。并不全是虚化背景才可以使画面简洁，每一种镜头，不同的光圈都有它选择的方式，要根据具体的要求来选择。长焦镜头加大光圈只是拍摄人物照片的一种手段。

135mm F2 1/500s ISO100
长焦镜头拍摄人物的局部，
制造浅景深效果

2.2.6 微距镜头

微距镜头锐度高、成像品质好、手动调节、精确对焦，对于很多摄影朋友有很大的吸引力，大家常说到的一款100mm左右的定焦微距镜头有F2.8的最大光圈（佳能EF100mm F2.8 Macro USM），同样可以拍摄出完美的人像照片。在购买镜头的时候可以选择一款中焦定焦镜头的微距镜头，既可以进行微距拍摄又可以完成中等焦距的拍摄，节省了一枚镜头的钱。

微距镜头展现我们经常用肉眼没有观看到的场景，夺人眼球

2.2.7 鱼眼镜头

鱼眼镜头是大家常说但是很少会用到的镜头，用鱼眼、移轴这类特殊的镜头拍摄人像照片，可以得到夸张、奇怪的效果。控制好人物的畸变，这样的镜头往往能打破常规的拍摄模式，使拍摄的人像照片在另一个领域得到实现。甚至相机的底片上都不能呈现完整的方形图像，而是呈现一个圆的形态，画面中水平的竖直的景物线条都被扭曲了。不建议用鱼眼镜头拍摄人像照片，因为拍摄人像会让人物强烈的变形，让人觉得不舒服。

16mm F8 1/20s ISO200
语言镜头拍摄的景物产生
很大的畸变现象

2.3 白平衡（WB）

2.3.1 色温与白平衡的概念

1. 色温

要了解白平衡首先要了解色温，色温是按绝对黑体来定义的。黑体指的是在辐射作用下既不反射也不透射，而把落在它上面的辐射全部吸收的物体。一个黑体被连续加热，在不同的温度下会显示出不同的颜色，通常由低温到高温显示的颜色顺序为：红—黄—白—兰。当光源所发射的光的颜色和黑体在某一温度下发出的光的颜色相同时，黑体这个温度称为该光源的颜色温度，简称"色温"。用绝对色温来表示，单位为K（开尔文）。

自然光源中蓝色天空的色温为19000～25000K，中午的日光约为5400K，日出时日光约为1850K，100W普通灯泡约为2900K，蜡烛光约为1850K。

2. 白平衡（WB）

白平衡在相机上以字母WB表示，实际是针对电子影像色彩真实再现而产生的概念，原来常用于电视摄像领域，现在数码相机和家用摄像机中也广泛使用。从数码相机的使用上来说，白平衡就是使相机拍摄的图像色彩正确还原的一种功能设置。

从字面意思理解，白平衡就是白色的平衡。人的大脑会自动调节不同光线条件下对色彩的感知，无论在日光下还是在在灯光下，我们都认为一张白纸是白色，也就是人眼看到的白色是真实再现而不偏色。当白色还原正常时，其他景物的影像也就接近人眼的色彩视觉习惯了。但是相机不具备这样的适应性，这就需要我们进行相应的设置调整使影像接近人眼的视觉习惯，白平衡因此而产生。

50mm F22 1/2s ISO100
景物的色温偏高，拍摄的照片呈现冷色调

35mm F18 1s ISO100
景物的色温偏低，拍摄的照片呈现暖色调

2.3.2 白平衡的作用

在相机设置为JPEG和TIFF文件格式时，为了让不同色温的光源下的景物还原为人脑中正常的颜色，我们对白平衡进行设置，调整白平衡到符合光源色温的模式，使相机内部的色彩还原机制在不同色温的光线条件下，颜色得到真实准确的还原。

当我们在使用RAW文件格式时，则不需要这样的设置，具体可参考2.1节RAW格式的功能。

2.3.3 白平衡的设置

为了使不同光源环境中的色彩都能得到真实的还原，相机为我们提供了不同光源模式的白平衡，我们甚至可以自己设定色温或根据光源环境自定义色温。在拍摄时我们只需要根据光源选择相应的白平衡模式就可以得到相对准确的色彩还原。

我们设置白平衡的模式是为了使被摄景物的色彩得到正确的还原，符合人的大脑对色彩的认知，但是在设置时如果故意调整白平衡模式与现场光线环境不符，那么本来平淡的景物通过白平衡的特殊设置往往会得到意想不到的效果。

白平衡的特殊设置依据的是色温原理，即当相机设置的白平衡模式的色温高于被摄景物光源色温时，图像色调偏黄色或红色；设置的白平衡模式的色温低于被摄景物光源色温时，图像色调偏蓝色或蓝绿色。

自动

日光模式5400K

阴影6000K

多云5800K

钨丝灯3400K

白色荧光灯6400

闪光灯5500

色温值2500K

色温值6000K

2.4 数码相机的感光度

2.4.1 什么是感光度

感光度原来是衡量胶片对光的灵敏程度的指标，国际标准用ISO表示。在数码相机中，感光度实际是指数码相机的感光元件通过技术处理使其对光信号的感受能力增强，其增强的程度相当于胶片在不同感光度的感光能力，因此数码相机的感光度实际是"等效感光度"。

相机的感光度菜单

感光的等级划分通常为ISO25、ISO50、ISO100、ISO200、ISO400、ISO800、ISO1600、ISO3200、ISO6400。感光度数值越高，表示对光的感受能力越强，高一级的感光度比低一级的感光度快一倍。其中ISO25、ISO50属于低感光度，ISO100、ISO200属于中感光度，ISO400、ISO800属于高感光度，ISO1600以上则属于超高感光度。

2.4.2 感光度的使用

在相机的使用中，ISO200比ISO100在同等曝光条件下所使用的快门速度快一级，光圈可以缩小一级。

当被摄景物的光照条件较差，而开大光圈都无法保证需要的快门速度时，我们可以通过提高感光度的方法来提高快门速度。当我们需要小光圈获得较小的景深时，快门速度已经位于"安全快门"速度，不能再低了，我们可以通过提高感光度的方法来获得更小的光圈。

2.4.3 感光度与影像质量

提高感光度虽然会提高快门速度、缩小光圈为我们带来拍摄上的方便，但是数码相机感光元件自身的特点使得使用高感光度的同时也产生了副作用，那就是图像的"噪点"增加，图像的细节锐度、色彩饱和度、影像层次、影像反差等都受到严重影响，图像质量整体下降。

50mm F2 1/400s ISO100
用ISO100拍摄，照片非常细腻

50mm F2 1/3200s ISO800
数字相机ISO超过400就会出现明显的噪点

2.5 光圈

2.5.1 光圈概念

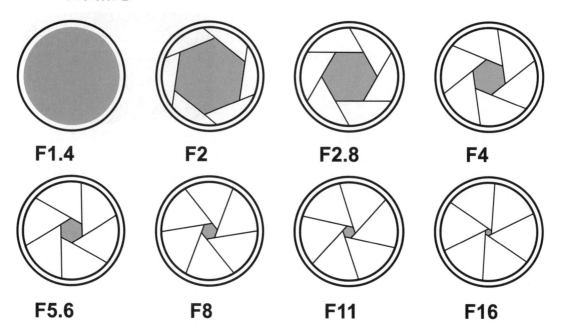

光圈是镜头内用来控制光线通过镜头进入机身内的光量的装置。它的大小决定着通过镜头进入感光元件的光线的多少。光圈的大小用F值来表示，光圈F值=镜头的焦距/镜头口径的直径。从公式可知要达到相同的光圈F值，长焦距镜头的口径要比短焦距镜头的口径大。

对于已经制造好的镜头，我们不可能随意改变镜头的直径。但是我们可以通过在镜头内部加入多边形或者圆形且面积可变的孔状光栅来达到控制镜头通光量的目的，这个装置就叫作光圈。在实际应用中，光圈F值越小，在同一单位时间内的进光量便越多，而且上一级的进光量刚好是下一级的两倍。现在的许多数码相机在调整光圈时，可以做1/3级的调整。

2.5.2 大光圈

大光圈可以使背景模糊，使主体人物的形象更加突出。

同样情况下，使用相同的镜头，光圈状态不同，背景的模糊程度会不同。光圈越大，背景越模糊，画面越简洁，主体也就显得越突出。

100mm F3.5 1/350s ISO100
大光圈，浅景深，叶子除了焦点是清晰的，其他地方都是模糊的

2.5.3 小光圈

　　小光圈，大景深，大家都知道这个道理，但是在拍摄景物的时候如果只是减少光圈，相机的自动曝光就会降低快门速度，导致拍摄的景物因为运动而模糊。所以在使用光圈的同时，要先确定拍摄的景物是否移动，如果移动要先确定多少快门速度能把景物凝固，再调整到合适的光圈值；如果景物不移动，可以把光圈缩到最小，但是务必要使用三脚架，保证画面足够清晰。

35mm F16 1/250s ISO100
小光圈，大景深，被摄景物的前后景物都比较清晰

2.6 快门

2.6.1 快门的概念

快门是镜头前阻挡光线进入机身的装置，一般而言快门的时间范围越大越好。时间长适合拍摄运动中的物体，时间短则可轻松抓拍到急速移动的目标。拍摄夜晚街道上车水马龙的景像时，快门时间越长，画面中动感的灯光效果越明显。快门速度是数码单反相机快门的重要参数，不同型号相机的快门速度是完全不一样的。快门速度通过秒或几分之一秒来表示时间的长短。不同的相机生产厂家的机身会有不同的快门速度起始范围，这个范围也是很重要的。因此在使用相机时，要先了解其快门的速度，这样才能掌握好快门的释放时机，并捕捉到生动的画面。

2.6.2 高速快门与低速快门

200mm F4 1/450s ISO200
高速快门能抓住鸟煽动翅膀的瞬间

45mm F16 1/10s ISO100
低速快门能很好地表现水流动的效果

拍摄动物类照片，快门是非常重要的，根据动物跑、飞翔的速度我们要合理地设置快门速度，才能把运动的动物凝固住。特别是用长焦镜头拍摄野外飞鸟时，快门速度非常关键，如果快门速度慢于镜头焦距的导数值，拍摄的动物就会不清晰，使图片质量大打折扣。高速快门可以凝固住比它运动慢的物体，凝固的瞬间各种姿态很漂亮，画面的冲击力就会很强。

从艺术角度看，动体摄影不仅要抓住美好的一瞬，更需要的是表现动态，让静止的画面给人以动的感受和遐想。用于表现瀑布、拍击海岸的涌浪等没有固定形体的动体时，低速快门能将其虚化，衬托在清晰的背景上以显示运动。动态并不是速度慢就可以表现，快速的快门也可以表现，抓住动体运动的一瞬间，有运动的趋向就可以表现动态。此时使用中灰镜和三脚架的配合才能让慢速拍摄得以实现。

2.6.3　B门拍摄

使用B门，实际上是使用更慢的快门速度拍摄。它受拍摄者的控制，只要B门开启后，拍摄者不松手，快门就会开着，用几秒，甚至几十秒，让相机曝光。这样长时间的开着快门，一些点状的运动物体，由于移动会在照片上留下呈线状的影像，令人耳目一新。

彩色的线条，原来是汽车车灯留下的条条光带，它映出了城市夜晚车水马龙的热闹景象。这些明亮的光带，就是利用B门曝光拍摄的结果。使用B门曝光，一般视运动物体的运动状况决定开启时间的长短。拍夜景时需要使用稍小的光圈，如F8、F11、F16等，因为夜晚相机不容易对焦。光圈小了有较大的景深，可以弥补对焦的不足。用手长时间按着快门按钮，有时会因震动照相机，引起画面模糊，所以要用三角脚架和快门线。曝光时间的长短应该根据主体的光线具体确定。因为曝光时间超过1s时，相机的测光没有太大的意义。

35mm F22 15s ISO100
用了15s曝光。晚上色温高，照片有些偏色

课后习题与思考

1.理解各种相机的文件格式、大小和图像品质，在今后的拍摄中根据自己的需要选择拍摄的图像品质。

2.通过镜头焦距划分镜头，感受在各种焦距段所拍摄照片的视野变化。

3.理解色温、白平衡、感光度、光圈、快门的概念，而且还要通过这些数值的变化运用到自己的作品中。

第 3 章

摄影曝光

3.1 什么是曝光

　　自然界中有很多丰富的色调和迷人的色彩，但我们常常因为相机快门速度和光圈大小设置失误而捕捉不到这些美妙的色彩，这时候我们不禁要问，是什么原因使得壮美河山中那些美妙的色彩荡然无存，是我们的相机不够先进吗？其实不是，实际上只是因为我们没有掌握正确的曝光方法，下面让我们来进一步了解曝光。

　　相机的快门速度高低和光圈大小相配合使感光元件进行感光的过程，我们称为曝光。曝光过程中调节快门光圈以达到图片影像的适当要求的过程，称为曝光控制。通常我们需要使用测光表或利用相机内置的测光表对被摄景物的光线进行测量，得出合理的曝光值（EV），也就是光圈大小和快门快慢的恰当组合。快门速度越高，进光量越少，光圈就要相应大些；快门速度越低，光圈进光量越多，光圈就要小些。拍摄的时候，要结合实际环境的情况，对光圈与快门两者进行调节，来达到我们所要求的曝光量。

100mm F3.5 1/800s ISO100
景物的反差小，相机测光曝光的准确率是非常高的

35mm F11 1/500s ISO100
太阳西下的时候，测光时太阳尽量不要在取景器中出现，而是对准太阳周围进行测光

3.1.1 认识曝光值

曝光值通常用EV（Expo-sure Value）表示，它和景物的亮度、相机设定的感光度、光圈和快门之间有着密不可分的关系，曝光值最直接的反映是光圈大小和快门速度的组合。其关系式为

曝光值（EV）＝光圈大小＋快门速度

需要注意的是这个关系成立是有许多先决条件的，这里是假设ISO为100时，光圈F1和快门1s的EV值都是0，之后光圈和快门每增加一级，EV值就加1，如此就可以推算出各级光圈和快门速度所对应的EV值，这里关系式的成立实际指的是光圈、快门换算成曝光值的等式。

曝光值（EV）与光圈大小和快门级数对应表如下。

EV 值	0	1	2	3	4	5	6	7	8	9	10	11	12
光圈	1	1.4	2	2.8	4	5.6	8	11	16	22	32	45	64
快门	1	1/2	1/4	1/8	1/15	1/30	1/60	1/125	1/250	1/500	1/1000	1/2000	1/4000

85mm F16 1/250s ISO100   35mm F8 1/1000s ISO100

左图：F16光圈对应EV值为8，1/250s快门对应EV值为8，整体的EV值就是16。

右图：F8光圈对应EV值为6，1/1000s快门对应EV值为10，整体的EV值就是16。从整体EV值我们就可以判定，这两张照片的曝光是一样的，曝光量也相同。

定型环境的亮度对应的EV值如下。

明亮的室内	8 9 10
阴天	10 11
多云天	11 12
晴天户外	12 13 14

3.1.2 曝光值（EV）与感光度（ISO）的关系

曝光值＝光圈大小＋快门速度关系式的成立还受感光度的影响。前面我们了解的不同场景拍摄的光圈和快门速度的组合是在感光度100的前提下得出的，如果感光度改变，相应的曝光值（EV）也应有所增减。

ISO	50	100	200	400	800	1600	3200
±EV	-1	0	+1	+2	+3	+4	+5

例如：晴天户外EV值为14，用ISO400拍摄，那么8+8=14+2，7+9=14+2等，引入光圈和快门得出：F16+1/250s=12+2、F11+1/500s=12+2。

3.1.3 曝光值（EV）的实际运用

1. 测光表的曝光值（EV）

测光表的曝光值反映的是正确曝光状态下光圈和快门的组合。测得的曝光值越大，表示景物亮度越亮，就需要高速快门或小光圈配合曝光，同样测到小的曝光值就需要较慢的快门速度和大的光圈来配合达到正确曝光。

2. 相机中的曝光值

相机中的曝光补偿和曝光参考刻度则指的是曝光值（EV）在最终照片中的亮度体现，曝光不足指照片亮度不够，曝光过度则指照片过亮，相应地增加或减少一定的曝光值（光圈或快门增加或减少相应的级数），就会获得合理的亮度的照片。

曝光值（EV）还出现在相机的参数表中，用来表示相机的"对焦"和"测光"，通常相机的自动对焦范围在0.5EV～18EV之间，测光范围在1EV～20EV之间。这里的曝光值指的是相机的自动对焦和测光对于这样亮度范围的景物才可以正常工作。

85mm F5.6 1/250s IS0100

侧光的位置拍摄，雪景呈现出质感

3.2 影响曝光的要素

1. 光圈的大小

光圈是镜头中的机械组件，通过控制光圈的大小可以控制单位时间内进入光线的多少。在拍摄时，光圈越大，光圈数值越小；反之，光圈越小，光圈数值越大。通常表示光圈的符号为：F1、F1.4、F2、F2.8、F4、F5.6、F8、F11、F16等，从F1开始光圈值逐渐递增，光圈口径越小，进光量也就越少，每一挡光圈之间的进光量相差一倍。

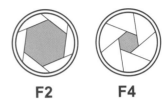

2. 快门速度

快门也是数码单反相机的一个机械组件。快门和光圈一组出现的时候就形成了我们常说的曝光组合，一起控制着数码单反相机的CCD感光。在曝光时，快门开启的时间越长，感光元件接收的光线越多，曝光量也就越多。数码单反相机常用的快门速度范围为30～1/8000s。

3. 测光

数码相机的测光系统一般是测被摄体反射的光的亮度，是反射式测光。相机自身对景物测光时，不管是亮的景物还是暗的景物，都是按照景物反射率为18%来进行测光的，所以数码单反相机的这种测光方式对于过亮的景物和过暗的景物，得到的光圈快门等参数都不会使感光元件正确曝光，物体的颜色不会得到准确的再现，这时候就需要我们在取得测量数值后进行调整补偿。

4. 曝光三要素

影响曝光的因素有三个：光圈、快门、感光度。

光圈控制光线通过镜头口径，快门控制通过镜头口径的时间，而感光度控制感光元件对光线的敏感程度。

35mm F11 1/500s ISO100
综合山的亮部与暗部进行测光，相机自动曝光会出现曝光不准确的情况

3.3 测光原理

3.3.1 18% 中灰

如今拍摄照片的光线测量工作已由测光表或相机内置的测光系统来完成。两者虽然在外在形体上有很大的区别，但是其原理和作用是一样的。测光表的测光依据是"以反射率为18%的亮度为基准"。

反射率指的是光线照射到物体上后一部分光线被反射回来，被反射回来的光线亮度与入射光线亮度之比就称为反射率。物体的反射率高则指物体对光线吸收少、亮度高，如白雪的反射率约为98%，反射率低则指物体对光线的吸收多、亮度低，如碳的反射率约为2%。

18%灰板

从黑到白的几何等级中，18%反射率的色值是中灰色，因此这一理论经常被称为"中级灰原理"或"18%灰原理"。测光表就是基于18%灰色原理设计制造的。18%灰是对我们平时所能见到的物体的反射率的平均值，是一个景物反射率的平均统计值，同时也是一个行业标准。所有的测光表都把物体的亮度认定为18%的灰色，在测量景物时以此给出曝光值和光圈快门的组合。

45mm F22 1/800s ISO100 +1.5EV
景物的色调亮丽，要准确的曝光需要增加曝光补偿

3.3.2 利用测光表测光

1. 入射式测光表

入射式测光表是测量照射在景物上的光线的强弱，并以此为依据决定曝光值的仪器。用入射式测光表测光时一定要将测光表靠近被摄物体，另外将测光表的受光部位（白色球体）对准相机镜头的方向（测量拍摄者一面的光线）。另外，入射式测光表不受物体反射率的影响，因此无论是深色或浅色的物体按照测光表测出的数据曝光不需调整都可以得到正确的曝光结果。它的缺点是必须靠近被摄体才能测到准确的曝光值，通常在户外拍摄远方的景物时，靠近被摄体测光是很不现实的，这时入射式测光表就无法使用了。

2. 反射式测光表

反射式测光表测量的是物体反射的光线的强弱，物体的反光程度不同，呈现出的亮度也不同，将测光表对准被摄物体，就可测出在测光表受光范围内的景物的平均亮度，并据此给出合适的曝光值和光圈快门的组合。

需要注意的是：反射式测光表是对准物体测量，如果测光表受光范围内的景物亮度差异过大，测光表受光角度轻微的偏移就会致使测光表给出的数据产生差异，这就需要我们依据18%中灰原理对被测量物体进行选择，一般选择测量范围亮度接近18%灰的物体测量。同时，反射式测光表不能对准光源测光，因为光源不具有反射特性。

3. 相机内置测光表

现在的数码单反相机都有复杂的测光系统，这一系统称为TTL（Through The Lens，通过镜头测光）测光，也就是内置测光表。这一系统与相机的其他系统集成在相机内，有效提高了相机的使用性能，在取景、对焦的同时就可完成测光工作。需要注意的是，相机的内置测光表属于反射式测光表，和其他反射式测光表一样，它的使用也具有一定的缺点。

为了能够在各种复杂场景拍摄中获得准确的曝光，相机厂商开发了各种测光模式，使摄影者能够根据不同的光线环境选择不同的测光模式，从而获得曝光正确的照片。相机的测光模式不同，厂家技术不同，对于其测光模式的命名也就不同。

入射式测光表

反射式测光表

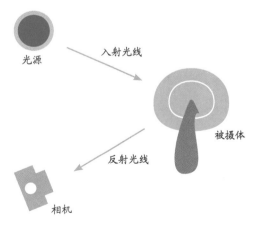

3.4 曝光控制技巧

　　曝光是由光圈和快门速度决定的，它表示照片整体的亮度。曝光由图像感应器所接收到的光的总量决定，而光圈和快门就起到了调整光量的"调节阀"的作用，可分别通过对两者进行调节来控制光线通过量。

　　使用数码相机对曝光的要求是非常高的，因此在拍摄中要特别重视对"曝光锁定""曝光补偿"的运用，尤其在拍摄一些比较特殊的对象时，更应充分利用这些技巧满足特定情况下的曝光需要。

135mm F3.5 1/250s ISO200

以猴子的身体进行测光，周围形成了漂亮的轮廓光线

1. 曝光锁定

曝光锁定，顾名思义就是锁定某一个点的曝光值。如果在想要表现的画面中，主体并不在中心点，可以先对准需要表现的主体进行测光，并使用曝光锁定功能锁定对主体测光的数据，然后再重新构图，并按下快门。

（1）测光

半按快门对主体对焦，使主体清晰，液晶屏幕上显示光圈、快门曝光组合。

（2）锁定曝光值

按下机身上的曝光锁定按钮*或者保持半按快门，取景器中的*标记亮起，表示曝光设置已被锁定。

（3）重新构图并完成拍摄

在保持取景器中的*标记亮起的状态下，重新构图，然后按下快门完成拍摄。

右图的拍摄方法如下。

（1）先离人物近一些对准人物的脸部进行测光。

（2）根据测光值，把相机设置为手动模式，设置光圈、快门。

（3）先对人物眼睛部位对焦，再重新构图拍摄。

35mm F8 1/200s ISO100
人物的脸部没有处在相机焦点的位置，要聚焦后再重新构图

2. 曝光补偿

数码单反相机先进的测光系统可以让摄影师尽情地去创作。而自动曝光功能则可以让摄影师不用在选择曝光参数上费脑筋。但是要拍出高质量的照片，还需要正确地运用好各种测光方式，以便在实际拍摄中做到心中有数。

但是在实际拍摄中，现实世界的光线千变万化。因此在自动曝光时，相机的测光系统就有可能会出现各种偏差。用人为的方法纠正自动曝光产生的偏差，这就是曝光补偿。

75mm F4.5 1/500s ISO100 +1EV
要使叶子拍摄的比较透亮，需要增加1挡的曝光量

3.5 包围曝光

3.5.1 以暗部画面曝光为主

当画面中暗部或深色调占据很重要的位置时，如逆光照明下的室内外景物、逆光近景人像、场景中大面积的阴影等，宜采用曝光补偿。它可以准确地控制被摄场景中重要暗部的影调和层次，使它表现适当。具体做法是：采用分区测光（矩阵测光、分区评价测光）或中央重点测光。使用中央重点测光时使镜头尽量避开亮度较高部分，仅对准被摄体重要的阴影部位测光，但不按照测光表(或照相机)直接指出的读数曝光，而是比它指出的数值减少1～2级曝光量（减少曝光值补偿暗面）。

135mm F4 1/450s IS0100
直射光线照射人物时，以
人物脸部的暗部进行曝光

3.5.2 以亮部画面曝光为主

当画面中亮部或浅色调物体占据重要位置时，按照相机测光得出的数据会使画面整体偏暗，这时可利用曝光补偿来增加曝光量，以得到正确的色彩还原。

35mm F13 1/1000s IS0100
以雪景进行曝光，增加曝
光补偿，以暗部进行曝
光，减少曝光补偿

3.6 常见的风景曝光量测定

3.6.1 拍摄雪景怎样测定曝光量

我们按照相机测光拍摄的雪景一般都是灰色的，想得到白雪的效果我们应该怎么曝光呢？

雪景的亮度很高，拍摄时如果要还原雪景的白色，要在相机测光的基础上增加曝光量。我们应该知道，相机测光曝光都是按照18%灰来进行曝光的，不管是亮的景物还是暗的景物都以中灰进行曝光，所以拍摄的照片往往会白色的不白，黑色的不黑。遇到亮的景物就需要适当增加曝光量，暗的景物适当减少曝光量。

因此，最好的办法是改变曝光，多拍几张不同曝光量的照片。这样一定能保证其中至少有一张曝光是正确的。另外还有一点，这样拍摄时会发现，曝光稍微不足或过度，可能就会获得更加满意或意想不到的佳作。

3.6.2 拍摄夕阳怎样测定曝光量

太阳升起、落下都给这一天留下了很多美好的瞬间，这类景色虽然我们每天都能看到，由于天气的不同，景色也各异，拍摄这样的照片的机会转瞬即逝，所以要抓住这短暂的瞬间。拍摄这样的景色，我们一般会把太阳直接拍进画面，这时由于太阳的强光会影响相机测光，拍摄出来的照片多数都会曝光不足。

拍摄夕阳和朝霞时，应当用测光表或相机对着天空进行测光，为了测得正确的曝光指数，要将照相机向左右移动进行测光，进行曝光锁定后，再来取景。这种测光方法可获得较丰富的层次和较好的色彩饱和度。曝光的结果会使阴暗部分保持必要的层次，而又不使强光部分苍白一片。假如需要剪影效果，可按阴暗部分测光，减少1～2挡曝光量，故意使前景曝光不足，其结果必然会使前景成为黑影，衬托在明亮的背景前，形成富有艺术感染力的画面。

35mm F16 1/800s ISO100

拍摄风景照片最好是对多个点进行测光，然后综合曝光数据

100mm F8 1/250s ISO100

以天空进行测光，根据数值调成手动模式，再构图拍摄

课后习题与思考

1.理解曝光、曝光值的概念，了解在各种情况下曝光区域和测光模式的选择。

2.掌握18%中灰原理，入射式、反射式和相机机内测光表的原理。

3.在拍摄照片的时候怎么运用曝光锁定和曝光补偿？

第 4 章

4.1 了解光的特性

4.1.1 直射光线

太阳的光线从枝叶的缝隙间直射进来，会形成强烈的阴影。这种光线的明暗反差强烈，需要根据拍摄的环境来选择增减曝光量。对于大面积的照射光线景物，曝光需要适当增加曝光量，对于大面积的阴影景物，则需要适当减少曝光量。

55mm F4 1/125s ISO100
太阳光线照射景物形成了很强的反差

4.1.2 散射光线

阴天光线比较暗，风景会出现低沉的气氛，拍摄时我们要特别注意不要曝光过度。在阴天的时候，选择景物及构图要注意景物的反差，尽量选择较暗的景物作为背景，主体景物给予一定的曝光补偿，来增加照片中的层次感和立体感。

135mm F2 1/100s ISO200
散射光线照亮景物，景物色调均匀

4.2 自然风景用光

4.2.1 顺光

100mm F4.5 1/250s ISO100

85mm F4 1/450s ISO100

100mm F4 1/400s ISO100

135mm F3.5 1/350s ISO100

阳光从摄影者的背部直接照射在被摄景物的正面称为顺光，也就是顺朝摄影者目光方向的光源。这种光线由于被摄景物的正面受到均匀的照明，故此很少有阴影，画面也比较明亮。顺光拍摄的图片缺乏立体感和空间感，画面的反差和影调层次依靠景物的自身色彩差异和明暗关系来传达。

顺光拍摄的优点是不加任何修饰就可表现景物本来面貌，色彩朴实，饱和度较高。另外，在翻拍资料时，顺光也是最为合适的光线。如果针对艺术作品拍摄，阳光直射一来可忠实的还原艺术作品的色彩，二来不会在具有明显肌理或表面不够平整的绘画作品上留下阴影。

4.2.2　斜顺光

阳光从被摄景物侧面45°左右照射的光线称为斜顺光，这种光线在拍摄景物时，整个画面呈现的色调较为丰富，黑白分明，质感较佳，是拍摄风光和建筑时最为常用的光线。利用斜顺光拍摄风景，要灵活运用物体的投影，尤其是前景部分处于阴影中，背景较为明亮时，物体的空间立体感就会更加明显。

用这种光线拍摄人物时，鼻子底下会出现很重的阴影，尤其是当太阳的角度较高，而被摄人物的眼窝较深、颧骨较高的时候，这种阴影就更加严重。在拍摄中，我们可以运用被摄体本身的颜色差别，选择画面中前景色彩同中远景基调呈补色的景物来拉开画面的色彩反差。

4.2.3　顶光

顶光也就是中午时分的光线，此时的光线是一天中最为强烈的。阳光垂直照射在景物之上使得光线最为集中，这种条件下拍摄的人像，在眉肱、颧骨、脸颊下都会出现较为深暗的阴影。在风光拍摄中，顶光也使自然景物的阴影仅仅在底部，缺乏立体感。这种情况下，要多利用丰富的前景来活跃画面。同时由于此光线下，无论朝哪个方向地平线的天空都是同样的湛蓝，故此可以更多利用大面积的蓝天作为背景。

24mm F16 1/400s ISO100
景物的影子在景物的后面，是斜顺光线

50mm F13 1/500s ISO100
太阳的位置在我们的头顶上方的位置照射景物形成顶光

4.2.4 侧光

侧光可以在被摄景物上产生具有明确方向性的投影，光线照射物体的角度约为90°。这种光源下，被表现物体的肌理感和立体感会被很好地显现出来，画面前后纵深感也是最为强烈的，由于这种光线可以造成较长的投影，也就增加了画面的构成语言和画面效果，同时因为此时的天空色彩最为浓重，更加突出了主体景物。

35mm F18 1/800s ISO100
侧光会在景物的一侧形成很长的影子

4.2.5 逆光

逆光是太阳从被摄景物的背面进行照射，物体的轮廓被清晰地勾勒出来。这种光线被广泛运用于表现秋天的风光摄影中。在秋季，我们自然会想到那绚丽色彩和斑斓光线，这时候，在其他季节显得较为平淡的树木成为大家热衷拍摄的对象。如果想要在CCD上还原出那金色的松针或是彤红的枫叶，关键在于光线的选择。在拍摄时，让明亮的阳光从树林背后射来，在这种光线下，叶子会产生透明感，秋日高爽气息就被充分表现出来。

逆光照射下的景物由远至近，色彩变换分明，层次由浓到淡，由亮变暗，造成丰富的视觉效果。在背景较暗的情况下，主体很容易从画面中显露出来。

65mm F8 1/450vs ISO100
逆光下景物显得特别的透亮

4.2.6 侧逆光

侧逆光指的是位于被摄物体的后侧方45°左右的照射光线，在这种光线下，无论是拍摄风光还是人物肖像，主要的景物都有大部分的细节处于暗面，画面中往往是以简洁的线条和明确的轮廓造型出现，产生强烈的艺术效果。此时的阳光从被摄物体的后方以很低的角度照射，极其简练的光与形有助于突出主体。

侧逆光可以造就很强的纵深感，是拍摄风光图片的理想光线，只要避免阳光直接进入镜头，就可以拍出反差强、层次多、画面简洁、造型生动的影像。在拍摄人物时，此光线可以造成画面强烈的对比，并且勾勒出人物局部受光面，使人物的形体分明，并可以体现人物优美的体态，同时造成较强的立体感。

50mm F1.8 1/200s ISO200

主体景物的影子在主体物的前方，而且偏向一侧形成了侧逆光光线

4.2.7　局域光线

　　局域光线指的是较厚的云层或者较大的遮挡物将普照大地的阳光分割成被摄景物局部受光的特殊光线。局域光对比其他光源是最具独特魅力的，因为其光线不确定性的特点而造就其难以捕捉的神秘性。拍摄时，一般情况是将相机或测光表对亮面测光，但是在很多情况下，此种光源转瞬即逝，往往还在为侧光的中心点犹豫不决时，瞬间美妙的光源早已荡然无存。所以，我们要了解丰富的理论知识并多次实践才能够在巧遇此光线时抓住机会。在多数情况下，我们只要在平均曝光的同时欠曝1.5~2挡，就能产生令人满意的图片。

85mm F11 1/400s ISO100

太阳光线被云遮住后，只有部分太阳光线照亮的山脊

4.2.8 特殊光线

摄影的艺术也就是光影的艺术，光线是摄影的生命，光与影构成了摄影语言独特的魅力，而特殊的光线所勾勒出的景物，更具有强烈的艺术感染力。在拍摄这种光线时，我们首先要寻找充足的阳光，因为只有强烈的光线下，物体才会产生分明的层次、线条和色调。瞬息万变的太阳光线照射在景物上，能产生各种奇幻的效果。随着季节和气候的变化，阳光会对景物产生不同的影响。所以说，我们在利用特殊光线时，要先了解各种光线的来源和强弱，熟悉光线在景物上的变化，才可以充分表达不同景物的光线效果。

所谓的特殊光线，实际上只是我们生活中常见的光线。这种特殊的光线也许就在你的周围，我们可以用60min的时间进行观察。它在你的床头、计算机边、车窗下、墙面上，还在厨房的酱油瓶子、客厅的沙发、冰箱的扶手上，总之，周围的一切只要有光线的物体，就会发现一个别样的世界呈现在眼前。

24mm F11 1/125s ISO100
太阳即将落山时拍摄，利用人物的影子构图

45mm F8 1/250s ISO100
侧光照亮城墙，具有立体感的效果

4.3 风景曝光技巧

4.3.1 日出和日落

日出日落时的光线变化很快，要不断地测光，若使用全自动相机或光圈优先式曝光功能，则可不用不断地测光。假如太阳刚出来时要把太阳拍在画面中，拍得又小、又不在画面中央，按正常测光的曝光量就可以，或者减少半级到一级的曝光量。总的说来对日出日落的曝光量若

曝光过度，则天空变白，彩霞不红，太阳也不红，过半级曝光量太阳就会变成黄色，过一级曝光量太阳就变白了。曝光欠一点，太阳变红，彩霞也会红，景物虽然暗一些，但会更有夜景气氛。所以曝光量一定要掌握好，原则就是："宁欠勿过"。

拍摄日出日落时动作一定要快，日出太阳刚出来时和日落太阳接近地平线时，这两个时间太阳的速度最快，一定要连拍几张，并随时调整曝光组合，达到准确曝光的目的。要想加用滤色镜，必须事先准备好，不要错过好时机。总的原则是抓紧时间多拍几张，并随时测光，做到曝光准确。数码相机不需要底片，只要有足够的空间就能拍摄很多张不同曝光的照片，最后会得到一幅曝光准确的底片，使用数码相机者，测好光后再从曝光补偿功能减少半级到一级曝光量，多次按动快门，就可以暂时不考虑测光问题了。

28mm F13 1/100s ISO100
日出时太阳的光线不停变化，需要变化不同的曝光值拍摄

24mm F11 1/200s ISO100
日落时不仅要变换不同的曝光值拍摄，而且还要多拍

4.3.2 天空

　　天空是自然界中最善变化的，季节气候的不同天空中的色彩、云彩、层次都在不断地发生变化。耀眼的蓝天和洁白的云彩是摄影爱好者喜欢拍摄的对象，看到如此美丽的天空，我想谁也不会无动于衷，都会忍不住按下快门。这样的天空固然美丽，但如果我们不具备曝光的基本知识，再美丽的天空也不会呈现在自己拍摄的图片中。

　　在光线多变的环境下，选择恰当的测光模式显得尤为重要。评价测光模式适合入门级的用户，但不容易拍出让人眼前一亮的片子。要想获得绝对准确的曝光，点测光模式是最佳选择，只对准一个小点进行测光，可以有效避免光线复杂条件下或逆光状态下环境光源对主体测光的影响，考虑到消费级数码相机的宽容度有限，建议适当增加1挡曝光补偿，以防止细节丢失。秋天的云是四季中最美的，当我们遇到蓝天白云映衬下的风景时，测光一定要选择地面，然后适当降低1～2挡的曝光补偿，来确保画面整体曝光平衡，为后期留有足够的空间。如果利用偏振镜，拍摄出来的天空会更蓝，云的层次性会更好。

65mm F11 1/1000s ISO100
天空与云之间有反差，可以很好地进行聚焦

75mm F13 1/1000s ISO100
天空与云之间反差小，不能够聚焦，需要使用手动对焦模式

4.3.3 枫叶及树林

枫叶在秋天为自然景物披上了红色、黄色的外衣，表现枫叶的鲜艳颜色，需要合适的曝光量。

拍摄枫叶和树林的时候应该注意考虑如何降低亮区与暗区的曝光差异。如果太阳和枫叶的距离较近，枫叶和天空的明暗差异就会很大，很难确定曝光量。假设对天空测定曝光量，枫叶就会曝光不足；按枫叶的亮度曝光，天空又会曝光过度。逆光中枫叶的特写照片，可以清晰地描绘枫叶轮廓，颜色也会很鲜亮。

拍摄枫叶和树林时，应该综合考虑颜色的分配、明暗对比等各种影响因素。暗色系需要－1/3补偿，亮色调需要+1/3～+1的补偿。在顺光拍摄枫叶时，直接测量枫叶的亮度，就可以展现逼真的原色；在逆光中拍摄，曝光应补偿+0.5或+1。拍摄树木的光线最好是斜射光，选择较暗的树木进行测光，然后适当降低曝光量，拍摄的照片会有很好的层次。面对环境复杂的景物时，最好选择点测光，曝光量不会受周围亮度差异的影响，而只对特定位置进行测光。

85mm F8 1/450s ISO100
鲜艳、透亮的颜色是非常吸引人的，一定好准确地进行曝光

4.3.4 夜景

虽然太阳已经下山了，但是夜景城市里的万家灯火却是一道独特的风景线，夜景的照片其实有很多的未知性，可以给摄影者带来乐趣。

在拍摄夜景照片时，我们需要有一个稳定的三脚架，有条件的话还可以配置滤光镜防止杂光污辱镜头和快门线自己控制曝光时间。一般在拍摄夜景时我们选择慢速曝光、小光圈、低感光度来拍摄。曝光时间长一些可以把动态的景拉出线来，如车的灯光，可以得到那种流光溢彩的效果。

夜景曝光时，测光不要直接对准光源进行测光，要对准光源周围的景物进行测光，以测光参数为曝光依据，对焦时选择亮的景物进行对焦。

24mm F11 1/100s ISO100
在天空还没有黑，路灯亮的时候拍摄夜景

50mm F4 1/60s ISO400
夜景环境中测光，相机最好不要对准最亮的地方

4.3.5　太阳落山时的水面

夕阳一般都是一天中很精彩的时刻，这个时候太阳的颜色是鹅蛋黄，最为漂亮的时候，等太阳完全落下，天空也就慢慢黑了，原来红色的氛围完全消失。所以我们要抓住这短暂的时间，更多更好地记录下美好的瞬间。拍摄夕阳如果想使色调偏暖一些，可适当调高相机的色温值。直接对准太阳测光，曝光量是不准确的，会导致其他景物曝光不足的现象。这时应以太阳附近的云彩的亮度为测光点，然后适当增减曝光量。

45mm F11 1/500s ISO100
使用三脚架拍摄，保证画面清晰

4.3.6　花卉

1. 运用光线

花卉是可以全天候摄影的题材，清晨沾满朝露的花卉没有受到阳光的轻拂，但仍能显现楚楚动人的姿态；细雨纷飞或朦胧大雾中带有几分诗意。拍摄花卉最佳的光线，应尽量利用清晨或傍晚的逆光、侧逆光来表现，充分表现花卉的色泽、纹理、层次与质感，如果反差特别大时，可以使用反光板或闪光灯进行补光。

85mm F13 1/100s ISO100
逆光光线下拍摄花卉，
花卉很透亮

2. 长焦和微距

花卉是摄影爱好者经常拍摄的题材，他们经常利用长焦或微距镜头拍摄花卉，使其局部充满整个画面，突出主体。长焦镜头可以拍摄一些不容易接近的花，或者拍摄有昆虫飞舞的花，因为距离太近小昆虫就飞走了。长焦镜头和微距镜头尽可能表现花朵的内部结构，舍弃花朵周围的景物、环境，还可以虚化背景，使画面更简洁，具有冲击力。

135mm F2 1/400s ISO100
长焦镜头把周围的花都
虚化了，突出主体花卉

4.3.7 光芒四射景物

夏日和秋末蔚蓝的天空，云彩飘动，当云块遮住烈日时，从云块的边缘和云稀薄的地方会透射出的太阳光，产生光芒四射的各种奇景，极其壮观。这种景象多出现在日出和日落时，拍摄时曝光应以光霞为准。

拍摄时宜选在早上太阳升起75°左右的时候，这时太阳光线刚好在树林上方照射到地面上，再加上地面上蒸发的水汽，形成一道道光柱。拍摄这种景象，背景要深暗，宜用逆光拍摄。

拍摄太阳、灯光、水面反光时，如果在镜前加光芒镜或自制的金属丝纱网，也可获得光芒四射的效果。

24mm F22 1/800s ISO100
逆光下，用相机的
自动包围曝光多拍
摄几张

85mm F22 1/1000s ISO100
相机直接对着太阳
拍摄，时间不能太
长否则会烧坏相机

4.4 人像摄影中的用光

4.4.1 正面光

正面光是指光源从人物的正对面打亮人物的光线，在正面光的照明下，人物脸部均匀受光，投影落在背后。这种光线平淡，明暗反差小，影调层次不够丰富，不容易表现人物脸部的立体感，但是拍摄女性来说会使皮肤更加柔和，因此正面光拍摄也是非常不错的光线。在使用正面光拍摄人像时曝光不可过度，一般使用平均测光就可以获得理想效果。正面光适合拍摄特写和近景这样的小景别，因为它可以具体地表现人物的每个细节和层次。

85mm F3.5 1/450s IS0100
正面光拍摄女性，能更好地表现她们白皙的皮肤

4.4.2 侧面光

拍摄侧面人像对被摄者具有强烈的吸引力，因为人们一般不大有机会从这种角度端详自己的形象。要拍好侧面人像照片，除了要求被摄者姿势摆得好外，还得运用特殊的照明方法，从而赋予照片一种特殊的美感。首先应使被摄者侧肩与透镜光轴成45°，不能与透镜光轴平行。并使他坐得高一点，使鼻子与透镜光轴垂直。在拍摄男子时，下巴稍微低一些，头部略向背景靠。女子侧面像的头部无论向哪个方向——上仰或下俯，左侧或右侧，效果都很好。眼睛的方向也很重要，被摄者的眼睛瞳孔最好与透镜光轴垂直，头稍仰时往上看，低头时则往下看。

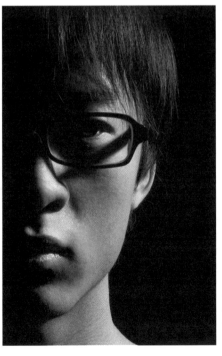

45mm F11 1/100s IS0100
侧面光照射人物脸部，会在另一面形成很暗的阴影

4.4.3 逆光人像

逆光是指光源在人物的后方形成的光线，这种光线使人物的正面不能得到正常的曝光，失去了人物的细节层次。这种光线勾画人物的轮廓，对于动作和形体的表现还是有一定作用的。运用逆光也并不是要拍摄剪影效果，如果我们把人物脸部的光线打亮，最终获得的图片将是非常不错的。逆光光线是背景比较亮，而主体光线比较暗，如果主体有补光，逆光效果是一种很好的创意光线。逆光拍摄大多适合于中景以上的景别，像全景和远景这样的景别。因为这样的景别，除了能够体现人物的形态外，还能够对环境进行一定程度的体现，以丰富画面。

135mm F2 1/500s ISO100

85mm F4 1/800s ISO100

85mm F3.5 1/500s ISO100

135mm F4 1/550s ISO100

4.4.4　剪影

剪影照片是以画面中最亮的地方进行正常曝光，而主体物呈现剪影的效果。日出和夕阳时分，是拍摄人物剪影最好的光线，这种光线背景比较亮，人物与背景之间反差特别大，以背景进行曝光可以得到很好的剪影效果。测光时，我们经常采用点测光对背景进行测光，如果镜头是变焦镜头，则把镜头放到焦距段长端进行测光，但是不要让太阳的光线直射入镜头，然后锁定曝光再进行取景、拍摄。摄影师通常使用全手动模式、慢速快门、小光圈，这样人像接近全景，又能展现夕阳的色彩。一般地，数码相机最小光圈是在F16～F22，光圈如果不够小，要用减光镜，人物虽然要形成剪影但也不必完全处于全黑状态，稍带有一些层次效果可能会更好。所以我们要选择不同的曝光量进行多次拍摄，以达到最佳效果。

35mm F5.6 1/350s ISO100
拍摄剪影要以亮的背景进行测光，以人物进行聚焦

4.4.5　巧用窗户光

画家在几个世纪以前就可以利用从窗户照射进来的光线绘画人像，因为这种光线造型能力很强，而且这种光线带有方向性还比较柔和，如今更多的摄影师已开始在室内拍摄时使用窗户光线。并不是光使用窗户光就能拍摄到完美的照片，还需要使用一块反光板来提亮人物暗部的阴影，有了反光板的参与摄影师就可以很好地控制人物脸部的亮部与暗部反差，使拍摄的效果柔和且优雅。

135mm F2 1/100s ISO200
使用窗户光的时候最好用反光板给人物进行补光

4.4.6　室外散射光

阴天时，室外的光线是非常柔和的散射光，用这种光线拍摄人像，能取得很好的效果。如能运用一块手持反光板还可以进一步改善光线效果。即用反光板来增加眼睛部位的光线，减轻下巴下面的阴影，从而拍出更为漂亮的人像。

使用这种光线拍摄人像的真正难处，在于要把被摄者的姿势和位置安排得能让散射光和反射光尽量照亮其脸部，同时又要使背景部分没有任何障碍物。

4.4.7　眼神光的使用

拍摄人像时，不论什么光源，只要位于被摄者面前而且有足够的亮度，就都会反射到眼睛里，并且出现反光点，从而构成眼神光。眼睛中显示的反光点，在形状、大小和位置上总是不同的。例如：在室内拍摄人像，光线从远离被摄者的窗户照射进来，他的每只眼睛里就会出现明亮的窗影；利用照相机上的闪光灯，就会在眼睛中央造成细小的白点；而使用反光罩或反光伞，就会形成一个反射区，这种反射通常偏向一边。

135mm F4 1/450s IS0100
散射光线拍摄人物照片，光线比较平均，没有很强的明暗阴影

各种眼神光的效果是迥然不同的。明亮细小的光表现愉快，范围较大的光显得柔和，而没有照明的眼睛则宛如深潭。为了拍出上乘的人像摄影作品，在按快门之前，一定要考虑到眼神光。让被摄者稍微抬起头或重新布置光源，就能确定是否有眼神光。眼神光应当是平衡的，不能使一只眼睛有光而另一只眼睛没有光。要检查产生眼神光的光源是不是处于被摄者脸部前面足够的位置，从而能照到双眼而不至于被鼻子的阴影挡住。如果头部向一侧转动，眼神光源最好也要随着转动。光源位置不能过高，否则，就可能有一只眼睛照不到眼神光。

135mm F2 1/500s IS0100
在室外用反光板给人物补光还有一个好处就是增加了眼神光

4.4.8 高反差人像用光

拍摄一张高反差的、没有正常影调间距的肖像，是黑白人像摄影中一种有趣的尝试。它能通过运用反差分明的、硬的光线，塑造出一些鲜明而动人的形象。

要获得这种高反差人像，除了在曝光和显影上需要相当的技巧外，对拍摄时的布光也有一定的要求。

可使用直射光或散射光作照明，一般用一个灯或两个灯为好。为拍摄方便起见，最好使用聚光灯，这样可以直接观察光效。当然也可使用闪光灯。在大多数情况下，只使用一个灯就够了。如果被摄者的头发很黑，那么就可以使用第二个灯直接照亮被摄者的头发或从其身后照明，以产生一个较亮的轮廓，从而使对象与背景区分开来。为使照片更好地与背景区分开来，可将被摄者的头部用光勾亮一点：逆光剪影人像实际上也可算是一种高反差人像摄影。逆光照片就是被摄体背着光源所拍摄出来的轮廓影像效果。

50mm F5.6 1/250s ISO100
亮部与暗部形成强烈的反差，特别适合对应男性的表现

4.5 人像摄影光线的性质

4.5.1 光质

有了光线的存在世界万物才变得五彩缤纷，如果太阳落山，大自然的一切就失去了原来的色彩。静物呈现各式各样的色彩除了反射物体本身的光线外，还会受到色温的影响，因为物体受到光线的照射时，并不是全部反射或是全部吸收，而是部分吸收、部分反射，当物体受到不同波长的光线照射时就会产生各式各样的颜色。

4.5.2 光亮

光亮就是光的明亮程度，即光强。不同的光源发出的光强是不同的，晴朗的天气里，太阳光散发的光线就很强，拍摄人像的时候要对曝光进行控制，否则人物照片会因为曝光过度导致人物照片失去了很多细节层次，要适当减少曝光量。在光线较暗的环境里拍摄人像照片，若不增加曝光量，就不利于表现层次和色彩。只有正常的曝光，才能更好地完成人像摄影照片的拍摄。

135mm F2 1/200s ISO100

4.5.3 光比

光比是指被摄景物或人物的亮部与暗部之间的光强之比。根据不同的景物表现立体感等信息，控制的光比也会有很大区别，拍摄人像常用到的光比有1∶1、1∶2、1∶4。拍摄人像照片的时候可以使用测光表测出对应的曝光参数，根据曝光参数就可以估算出拍摄人物的亮部与暗部之间的光比。例如：拍摄人物照片的快门速度一定时，我们调节相机的光圈系数，测得亮部与暗部的光圈数值分别是F11与F8，这两个数值之间相差两挡光圈，按照拍摄人物的亮部与暗部的光比来计算，那么光比就是1∶2。

4.5.4 反光率

反光率是由周围环境与物体相互产生的反射和折射造成的，拍摄人物照片需要根据环境的反射率来增减曝光补偿。

名称	反光率
雪景	97%
白纸	60% ~ 80%
水泥	60% ~ 80%
黑纸	5% ~ 10%
白布	30% ~ 60%
黄种人皮肤	18% ~ 20%
黑布	1%
镜子	90% ~ 99%

4.5.5 光位

光位即光线的投射方向和光源的位置，利用光位拍摄人像照片是具有创意性的。根据光源与被摄主体和相机水平方向的相对位置，可以将光线分为顺光、前侧光、侧光、侧逆光、逆光光线。还可以按照三者的纵向位置分为顶光、俯射光、平射光、仰射光四种光线。在摄影中光线的方向应该是按照相机拍摄的方向（相机镜头光轴的方向）为基准的，而不是以被摄人物为基准。

4.6 用反光板给人物补光

4.6.1 漫射光条件下的补光

漫射光线条件下光线很柔和，其实反光板并不能给人物补多少的光线，这时使用反光板的主要原因就是增加人物的眼神光。当反光板放置在人物的斜下方时，反光板会在人物的眼睛里映出光斑，这个光斑使人物的眼神更有神。

85mm F3.5 1/450s ISO100

散射光线下，反光板的主要作用是增加眼神光

4.6.2 直射光条件下的补光

　　室外拍摄人像，很多时候都是直射光线，太阳光直射在人物身上。明亮部分和阴影部分的光比一般很大，拍摄时要给人物脸部进行补光。在使用反光板后，一是可以得到照射到被摄者脸上的定向光线，并且还能使脸部的曝光量增加一到两挡；二是避免背景出现严重的曝光过度。反光板大多是在面对模特和主光源夹角时才能照亮模特。将反光板转到偏向模特的方向就会降低投射在其表面的光线强度，而将反光板转到偏向主光源的方向就会反射更多偏离模特方向的光线。

135mm F2 1/640s IS0100

直射光线下，反光板既给人物暗部补光，也增加眼神光

4.7 影棚人像用光

4.7.1 平光

平光是拍摄女性与小孩最常用的灯光，特点是在人物身上保持均匀的光线，没有过亮或者过暗的部分。下图采光是主辅两个光源，两盏增加了柔光箱的闪光灯在前方呈45°夹角，为了避免模特面部由于没有任何阴影而产生的过于平面感，主光源同辅助光源光比差为1挡，摆放灯光时辅助闪光灯可以距离人物稍远一些，以保证光线的散光性。这种布光的方式可以产生较柔软的光线，从而使得人物皮肤产生柔化的效果。此方法是初学者及影楼惯用的拍摄手法，缺乏光线变化的图片会让每一个女性顾客都成为美女，但也会让照片显得千篇一律。

50mm F11 1/100s ISO100
平光是一种均匀照射人物
的光线，一般拍摄女性

4.7.2　夹光

　　影棚中的夹光摄影也是利用两盏闪光灯同时打光的拍摄手法，所不同的是，灯光摆放在模特的侧面，且尽量靠近模特。多数摄影师喜欢利用这种光产生独特的视觉印象，并用光线来制造神秘、含蓄的气氛。这种光线可以产生时尚的高调夹光，也可以使人物造型呈现出更为强烈的明暗对比。用暗调夹光的方式拍摄时，位于光线中心位置的人物中线处于暗面，在影棚摄影中，要用造型光观察灯光不同的角度所产生的微妙变化。两侧灯光的光比，可以根据人物的特征，精心仔细地控制，光和影的错落交织，体现了丰富变化的韵律，这也是此类布光方式的魅力所在。

55mm F8 1/100s ISO100

从人物背后两侧向人物的前方打光，人物的鼻子位置会有一条明显的交界线

4.7.3　主闪光加轮廓光

此类布光的方式适合拍摄硬朗的男人造型，主闪光灯位于人物的侧前方，有效地勾勒出人物俊朗的脸颊；辅助光源从人物后下方斜向照射头部，在头发上形成明亮的轮廓线，使人物与较深的背景迅速拉开距离。此种立体感较强的影像效果，在拍摄时要使用未加柔光箱并带标准反光罩的灯光，此种光线的方向性极为明确，容易表现出人物稳重、镇定的个性。在拍摄时要选用抗眩光的镜头，并配专业遮光罩，以防止背景轮廓光源进入镜头中而影像画面的质量。

50mm F8 1/125s
ISO100
使用一盏闪光灯
在人物背后打亮
头发

4.7.4 硬光加背景光

这是一种虚实相间的光线配置，一盏未加柔光箱的硬光在模特侧前方约25°，人物造型在详实的硬光下被勾勒得很清晰，反差极大的黑白两种色调下少有的灰面，透露出人物坚毅的神情。人物背面灯光在布置时要同背景保持一定的距离，以产生柔顺的光晕感，渐变的背景光此时起到了烘托主体人物的作用。

45mm F11 1/100s IS0100
一盏灯打亮人物脸部，另一盏灯打亮背景

4.7.5 多灯位灵活布光

　　这种多灯位的布光手法，是时尚杂志拍摄时装大片时经常使用的方式，其特性是针对不同主题、不同人物特性灵活布光。下图使用三盏灯光，作为主光源的灯光放于人物正上方，勾勒出基本造型；作为辅光源的柔光灯在照亮整个背景的同时，起到调整人物暗面曝光不足的作用；而另一盏聚光灯处于人物背面，尽量靠近背景，并控制光比高于主光两挡，在画面上形成耀眼的光环。画面的气泡在多灯光的照耀之下，显得五彩缤纷，以往平铺直叙的描写变成了光彩照人的画面。

55mm F8 1/125s ISO100
运用多个灯光打亮人物

4.8　夜景人像

　　夜景拍摄，往往闪光灯只打亮了人物，而背景却非常暗，几乎没有得到正确的曝光，导致背景全黑就不漂亮了。想要背景和人物都有合适的曝光，我们需要使用慢速对背景进行曝光，打开闪光灯给人物补光，这样就可以拍摄到人物与夜景环境的照片。拍摄的时候最好用三脚架，在快门没有关闭之前，为了让人物没有虚影，人物最好不要动。

85mm F2 2s IS0200

45mm F3.5 2s IS0200

4.9 闪光灯摄影技巧

4.9.1 灵活使用闪光灯

在光线不足的情况下为了获得更好的照片，我们需要闪光灯进行补光，如果没有其他光源时，闪光灯是携带很方便的一种光源。闪光灯打光也是有一定技巧的，在室内拍摄人物时，我们不要用闪光灯直射人物，而是把闪光灯打到墙壁或天花板上，利用反射光进行补光，这种反射的光线比较柔和。由于内置闪光灯有很多的不便（固定、只能朝一个方向闪光、闪光光源大小不好控制等），闪光功率也小，更多的时候我们要借助外接闪光灯。

4.9.2 闪光灯单灯技巧

闪光灯的使用可以大大拓展相机在光线不足场景的使用范围。一般情况下闪光灯闪光都能获得准确的曝光。但由于直接将闪光打到人物或物体上，灯光效果生硬，拍摄出来的人物轮廓不够突出。此外，如果物体本身是浅色及平滑的，或者人物脸上有油，用直接闪光拍摄也可能出现严重的反光，影响图片美感。

当主体和背景距离不远时，直接闪光很容易在背景上形成强烈的黑影，并且使得背景较暗，从而影响整个画面的效果，直接闪光还会

105mm F2 1/125s ISO100
让闪光灯的光线对准墙壁闪光

在人物的眼睛上形成红眼。如果将闪光灯灯头朝向天花板，让闪光灯打到天花板上再反射到主体，这种反射式闪光避免了直射闪光使得画面比较平板的缺点，在主体下巴和鼻翼下投下一定的阴影，更有立体感。向上反射时可以根据灯头向上不同的角度打出不同的光影效果。

适当地使用反光板给人物进行补光，人物部分阴影就会得到很大改善，效果是非常不错的。

35mm F8 1/100s ISO100
以背景曝光量设置相机参数，人物由闪光灯打亮

4.9.3 引闪技巧

　　引闪是装在相机热靴处用来引发闪光灯工作的装置，相机通过热靴触发引闪器，引起闪光灯进行闪光。有时没有引闪器，有一种连线也可也连接相机与闪光灯，按下快门瞬间闪光灯闪光。

　　使用引闪器时，闪光灯也可离机进行闪光，给人物、景物打光就更具有选择性。使用闪光灯需要注意的是闪光的同步速度，如果快门速度高于闪光同步速度，拍摄的景物就会曝光不足，如果快门速度低于闪光同步速度，曝光才会恢复正常。一般相机的闪光同步速度是1/60～1/125s，室内拍摄时，相机设置的快门速度最好不要超过闪光同步速度，否则拍摄的照片都会欠曝。

50mm F11 1/125s IS0100
逆光下拍摄人物，使用引闪器触发闪光灯，闪光灯的光线可以自由变换位置

4.9.4 用闪光平衡曝光

在学习传统摄影中，我们都知道胶片具有一定范围的宽容度，它无法将目力所及的所有影像都保留在胶片之上。同样的道理，作为胶片的替代品CCD或者CMOS也只能记录一定范围的光亮。我们也知道，除非阴雨天气，灿烂阳光下的景物反差常常超过CCD的宽容范围，尤其是晴天下人物的拍摄，强烈的反差常使得人物面部深暗，如果要想提高人物面部的亮度，就会造成背景曝光过度。在这种两难境地中，最好的办法是打开闪光灯进行补光，达到平衡画面亮度的目的。

35mm F11 1/100s ISO100
对背景进行测光，在测光的基础上减少2挡的曝光量，再用闪光灯打亮人物

课后习题与思考

1.在拍摄大自然的风景照片时，根据太阳和主体的位置判断光线的方位。

2.在拍摄人像照片时，如果给人物打造最佳的光位来更好地表现人物？

3.了解影棚拍摄人像的几个最基本的光位的布置方法，举一反三地学习各种布光技巧。

第 5 章

摄影构图

5.1　认识构图

5.1.1　构图规则

初学摄影，在取景时了解和掌握黄金分割法，对于提高作品美学价值很有帮助。黄金分割法，就是把一条直线段分成两部分，其中一部分对全部的比等于其余一部分对这一部分的比，常用2∶3，3∶5，5∶8等近似值的比例关系进行美术设计和摄影构图，这种比例也称黄金律。在摄影构图中，常使用的概略方法，就是将画面横、竖各3等分，将画面分成9个相等的方块，称为三分法则。直线和横线相交的4个点，称黄金分割点（本章后面对黄金分割构图有详细说明）。

在一张作品中，以对角线来决定关注点的最佳位置，称为动态对称。动态对称也是以黄金分割为基础，它比网格更容易实现可视化。

根据经验，将主体景物安排在黄金分割点附近，能更好地发挥主体景物在图面上的组织作用，有利于与周围景物的协调和联系，产生较好的视觉效果，使主体景物更加鲜明、突出。另外，人们看图片和书刊有个习惯，就是由左向右移动，视线经过运动，往往视点落于右侧，所以在构图时把主要景物、醒目的形象安置在右边，更能收到良好的效果。

5.1.2　摄影构图的学习方法

关于构图方法，没有像技术资料那样现成的表格、汇编、手册可供利用。那些企图使构图符合一定模式的摄影师必定会发现，所得到的不是老框框，就是给作品加入了牵强附会的成分。这样的构图，即使安排得十分工整，面面俱到，由于不可避免地过分雷同，也必然令人生厌。因此，单凭直觉构图，也能够产生一些值得看的作品，但在更多的情况下，这种做法带有偶然性，不能保证把摄影师想要表现的思想传达给观众。

很多优秀的摄影师创作出的完美的构图完全是出于直观。当作者听到观众说他们创造了艺术品，并且自己也认识到这一点之后，才开始分析那些艺术作品所遵循的标准，并提出指导他们今后工作的一些原则。

105mm F4.5 1/1000s ISO100
天空作为背景，使画面非常简洁

人们花心思去研究那些影响构图要素的设计原理，如大小、方向、明暗的对比和突出的地位等，清楚地了解这些原理，对于解决构图问题大有好处。特别当牵涉两个更多形状的结合问题时更是如此。

5.1.3 摄影构图的特点

在构图的所有要素中，形状可能是一个最基本的要素。相当多的摄影杰作之所以获得成功，或者是它单靠物体的形状具有戏剧性的效果，或者是依靠几个物体的形状微妙地相互作用，所以只有形状才是构图的基本要素。

对于摄影师来说，形状的设计是相当重要的。生活中不存在孤立的物体，我们所遇到的、看到的和感受到的每件物体都和其他物体互相联系而存在。如果我们在一个图形的四周加个边框，由于图形和边框的相对位置发生了变化，它便呈现出不同的视觉效果。

边框所包容的空间叫作画面。画面里的形状或物体叫作图形。只要图形一进入画面，就会出现形状设计中第三个极其重要的要素，即背景空间。这个第三要素与前两个要素——图形和画面一样，也是一个不可忽视的积极因素。如果我们利用同一图形和画面，但把图形放在画面的不同位置上，使背景空间发生变化，我们就能清楚地看出背景空间的重要性。图形在画面上稍一移动，背景空间的形状也就随之而改变，从而影响了整个构图。这种影响虽不易察觉，但作用却相当大。

画面每变化一次，所形成的对图形的包围就不同，给人的视觉感受也不同，而且也使背景空间的形状截然不同。改变画面中图形的大小，还可以获得更多的变化形式。在摄影中，任何一个要素如果离开其他要素，都不可能得到充分的表现。色调、质感和大小三者的相互作用极为重要，应该充分利用。

24mm F13 1/500s ISO100
三分法构图将画面分成三份，线条之间形成了空间感

5.2 视点

5.2.1 高视点

高视点就是俯视拍摄，低视点就是仰视拍摄。从高视点和从低视点拍摄的图像看起来是不同的，带给观众的感觉也是不一样的。一般情况下，将相机举到眼睛的高度，对主体进行对焦拍摄。以眼睛的高度进行拍摄会产生具有相同视点的图像。

相比之下，对同一主体进行拍摄，如果改变相机的高度和角度进行拍摄，图像会因为视点不同而具有完全不同的效果。选择不同的视点可以以一种新的方式展示

24mm F8 1/800s ISO100
要想拍下更多的山脉，需要一个很高的视点拍摄

被摄对象。这是摄影师研究如何拍好一个主体的方式之一。

5.2.2 低视点

低视点从仰视角度拍摄，低视点可以强调前景，高视点可以引导观众不得不以向下的视线观看图像。极高和极低的视点可以使被摄体具有一种变形的特殊效果。我们可以调整视点，从而改变人物在画面中的位置，这将带给观众不同的视觉感受。

35mm F11 1/500s ISO100
将相机对准天空仰视拍摄

5.2.3 透视

两条平行线是永远不会相交的，但是，在我们绘制或拍摄表现透视的图像中，似乎现实中的平行线是相交的，这叫作线性透视。画面中的"消失点"即为这些线在远处表现为相交的点。

选择视点和镜头的焦距是在图像中表现透视的主要因素。镜头距离主体越近，拍摄出来的对象越大。

用标准镜头记录被摄物体的形象，其结果与人的视觉相似。但是如果在表现被摄体时，换用长焦距镜头，那么，远近之间的距离感就会显得缩短，透视感显得淡化了。由于这种透视压缩的现象与人们正常的视觉效果不一样，所以常会使作品产生意想不到的效果。

35mm F11 1/250s ISO100
大桥的桥面与栏杆相交成一条线，在现实中它们是平行的

5.2.4 比例

在现实中，我们通过和特定对象进行参照来获得物体的大小标准。在图像中也一样，如果没有大小的标准，观看者就没有参考，而只能猜测这个事物到底多大。摄影师利用这种特点，在图像中去掉主体以外的部分，形成有趣的效果，从而创造了一个比例不明确的事物。

大小和比例为摄影师提供了大量创作艺术品的机会，他们利用大小和比例创造了极致尺寸的图像。

28mm F13 1/1000s ISO100
车在画面中占据了很小的位置，能体现出整个画面的宽阔

95

5.2.5 点

依靠各种元素的完美组合可以创作出优秀的摄影作品。在摄影构图中，点可以是一个小光点，也可以是任何一个小的对象。比如，海滩上的鹅卵石即可成为画面中的一个点。

由于在一个均为空地方的图像上，点会成为唯一的细节中心，从而将观众的注意力都吸引到它身上。存在单个点的图像传达的信息一般是孤立的。

图像中很少在一个均匀的背景上利用单个点来构图。单纯地用单个点来构图可以使图像得到一些最具戏剧性的效果。

5.2.6 线

在摄影中，线可以是真实的，也可以是虚拟结构。如果我们将第二个点引入图像中，在这个点和现有点之间就立即建立起一种关系。现在它们不再是孤立的点了，它们被一条虚拟线连接起来，这条虚拟线叫作视线。在摄影构图中，虚拟线和实际线同等重要。

24mm F18 1/400s ISO100
画面中的人物形成了一个点，虽然很小但是很显眼

一切物体都是由线条构成的，如房屋由纵横的线条构成；山峰、河流由曲线线条构成；树木由垂线条构成；圆球由弧形线条构成。物体运动时，线条就发生变化，如人站立时是垂线条而跑步时就变为斜线条。掌握线条的结构变化，对照片的画面构图有重要作用。

水平线条——能够使人的视觉从左到右或从右到左观察，产生广阔、平静的感觉。大海、草原、秧田、麦地其线条结构都是水平形线条。

垂线条——能够使人从上到下或从下到上感觉景物的形象，给人以庄严、伟大的感觉。如粗壮的大树、矗立的烟囱、巍巍的井架、高大的塑像等，都是垂直线条。

斜线线条——景物在画面上如呈现斜线结构，画面空间的一端就会明显地扩大或缩小，给人们以动的感觉。斜线线条可以把人们的视线引向空间深处，形成近大远小的视觉感受。

曲线线条——曲线线条能给人以曲折、跳跃、激烈的感受，增加画面的美感。起伏的群山、奔腾的大海、蜿蜒的小道、弯曲的河流都是曲线结构。曲线能生动地反映出景物的特征。

拍摄照片时，要善于运用线条。每一幅画面，都应有一条主线，把周围分散的线条统一起来，形成画面的中心，把人的视觉引向主体。同时运用线条的变化，表现照片的透视效果与空间感。

24mm F18 1/800s ISO100

24mm F11 1/200s ISO100

45mm F8 1/250s ISO100

28mm F13 1/400s ISO100

5.2.7 形状

光、纹理或色块都可以表现为形状。和线条一样，图像中也可以存在实际形状和虚拟形状。我们通过在形状的角落处增加新的点来创造新的形状，从而在画面中围起一个新的区域。

艺术家将形状分为几何形状和自然形状。抽象形状一般是已经以某种方式简化的自然形状。摄影师也常拍摄一个具有另一种事物形状的事物，这些图像使人们产生视觉幻想，从而吸引人们的注意力。

100mm F2 1/200s ISO100
阴天拍摄，光线比较暗，可以增加一些感光度

线、形状、色调、形体、纹理和复杂度都参与到平衡作用中，我们很难将它们量化，但在具有良好构图的图像中却易于识别。除此之外，位置也起到重要的作用，假设给出两个同样的元素，则靠近边缘的元素会被认为更具有"吸引力"。

5.2.8 色彩

色彩主要被分为暖色、冷色和中间色三种。红、橙、黄以及以红、橙、黄为主要成分的色彩被称为暖色；蓝、青以及主要含有蓝、青成分的色彩被称为冷色；绿和紫被称为中间色。由此可知，要得到暖色调效果的照片，可以利用红、橙、黄等暖色或者主要含有这些色彩成分的色调。

摄影师可以根据自己的拍摄需要，对人物主体的服装进行挑选。如果想要表现暖色调的效果，首先可以挑选像红色、橙色等颜色的衣服，这样容易拍摄出暖色调的效果。其次，摄影师还需要挑选与人物主体搭配得当的背景。如果是在室外，可以选择在下午三四点钟，阳光比较柔、温暖的时候拍摄；如果是在室内，可以利用红色或者黄色的灯光来进行暖色调设计。当然，除了在拍摄过程中进行一定的灯光和造型设计外，摄影师还可以通过使用后期软件进行处理来得到想要的效果。

125mm F4 1/600s ISO100
叶子的红色与天空的蓝色形成对比

5.3 风景构图

5.3.1 竖拍照片的取景

　　用竖拍截取风景，画面给人以不平稳的感觉，但有时也会产生独特的效果，给人留下深刻的印象。此外，近景与远景的距离被更加夸张地表现出来，在画面中形成了强烈的纵深感。竖构图适合拍摄纵向场景，主体表现高大的景物，给人以雄伟壮丽的感觉，还可以表现景物的延伸感。在照片中物体是有主次之分的，画面中就应有适当的安排，一般是把主体安排在画面上重要而明显的地方，陪体只位于画面中的一部分。主体和陪体彼此之间要有呼应，不然就会形成一个主次分散的画面了。

45mm F8 1/500s ISO100
这样的主体景物竖构图
拍摄，在纵向方向有很
大的延伸空间

5.3.2　横拍照片的取景

　　横向拍摄的照片和人类的自然视野相似，能给人一种安定感，使人物的视野非常开阔，画面很有气势。拍摄的视角不同，照片给人的印象也会有很大不同。拍摄距离和所使用镜头的种类都会让它发生很大变化。自然风景的景物范围比较广，可取的拍摄位置也比较灵活，在没有固定主体目标的自然风景里，大多以横向取景拍摄，拍摄山川风景时应该以山为主体，再取一些适当的景物作山景的陪衬，这样才不会在画面上形成孤山的感觉，表现出高耸雄伟或山峦峻秀的气势；也要寻取适合衬托高山的物体，使山景在画面上显现得更美而不至于枯燥无味。

　　横构图拍摄照片，在使用长焦镜头时，画面给人视觉上的空间很小；在使用广角镜头时，虽然景物的延伸感不强，但是景物范围特别广。

100mm F8 1/450s IS0100
长焦镜头横构图拍摄远处的景物

24mm F18 1/250s IS0100
横构图在横向方向有很大的延伸空间

5.3.3　水平线构图

　　水平线构图具有平静、安宁、舒适、稳定等特点。使用水平线构图的画面，一般主导线形是水平方向的，主要用于表现宏阔、宽敞的大场面，如拍摄微波荡漾的湖面、一望无际的原野、辽阔无垠的草原、大海等。人物合影等的拍摄也经常会用水平线构图来表现。

　　在水平线构图中，应该尽量使用横拍。竖拍会使水平线构图的稳定感丧失。水平线倾斜会导致照片失去稳定感，拍摄时一定要将水平线放平。尽可能使用广角镜头拍摄，以获得更好的稳定感和宽广的视野。

　　地平线在画面中营造出广阔的风景线。它是线与面当中最为基本的构图方式。水平线配置的位置不同,照片给人的印象也会不同。

35mm F13 1/400s IS0100
利用水平线分割画面，呈现1/2构图

45mm F8 1/100s IS0100
地平线放置在画面1/3处，是最常用的三分法构图

5.3.4 垂直线构图

垂直线构图是同时将一排主要形象展示给观众，平行的垂直线可以利用形象空间位置的不同、高矮的不同等，形成画面表现的变化。垂直线的组合是加强画面形式感染力的重要手段，一般给人以稳定、庄重、严肃等感觉。

垂直线构图主要采用竖拍，用在建筑、瀑布、河流等的拍摄中，着重拍摄对象的线条与造型美。采用垂直线构图可以很好地表达拍摄对象的紧张、意志力和危险性等感觉。

参天大树、高耸的柱子等垂直形象中，垂直线形成了严肃、庄严、寂静的感觉，能增强威严感和崇高感。

100mm F2 1/200s ISO100
画面中主体物都是以垂直线的方式耸立，形成垂直线构图

5.3.5 曲线构图

曲线有垂直曲线、水平曲线、无规律曲线之分。垂直曲线如火焰，表示一种活力；水平曲线如水波、起伏的山峦等，具有优美和缓慢的运动感，它能给人以女性的柔和和优美感。曲线构图若使用不当，会使画面显得不稳定、软弱无力。

画面中的景物呈S形曲线的构图形式，具有延长、变化的特点，给人以韵律感，能产生优美、雅致、协调的感觉。当需要采用曲线形式表现被摄体时，应首先想到使用S形构图。

28mm F16 1/800s ISO100
曲线构图可以使画面有延伸的感觉

5.3.6　斜线构图

斜线构图可分为立式斜线和平式斜线两种，常用来表现运动、动荡、失衡、紧张、危险等场面。也有的画面利用斜线指出特定的物体，起到一个固定导向的作用。

斜线构图营造富有活力和节奏的动感，其代表范例为山峦和丘陵地区层叠的棱线。想要让画面产生充满活力的动感时，使用倾斜的线条是很有效果的，拍摄山峦时想要表现出远近感的话也可以使用。但是，若能注意照相机的角度，合理使用斜线构图，在适当的环境中也能得到独特的摄影作品。斜线表现主被摄体后，即便是静态的图像，也会被赋予动感的感觉。

在构图中不能为了构图而构图，无论使用什么方法都是为了更好地表现被摄体，简洁就是美，用最简洁的画面表现想要表现的主体，这是摄影的最终原则。

35mm F8 1/100s ISO200
斜线构图让画面有动感

5.3.7　三角形构图

三角形构图是以三个视觉中心为景物的主要位置，有时是以三点成面几何构成来安排景物，形成一个稳定的三角形。这种三角形可以是正三角也可以是斜三角，其中斜三角较为常用，也较为灵活。正三角形构图在力学上是最稳定的，在心理上给人以安定的、坚实的、不可动摇的稳定感。

三角形构图中，不等边三角形中小的锐角具有一种方向性和运动感。等边三角形容

135mm F5.6 1/1000s ISO100
三角形构图的画面稳定，特别适合拍摄建筑物类景物

易产生呆板、无变化的印象；不等边的三角形显得自然、灵活；而不同形状的三角形结合，则主次分明，疏密相间，富于变化，能够合理地分割空间，活跃画面构图。

5.3.8　倒三角形构图

倒三角形构图能表现出向上伸展的生命力和开放的不稳定状态所产生的紧张感。这是与三角形构图呈现相反形状的构图。利用地形或树木产生的线条就能够实现。这种构图既可以表现出不稳定状态产生的压迫感和紧张感，又可以表现出向上伸展的生命力和开放性等积极的状态。

在拍摄中，可以利用停在植物上的鸟、昆虫等与其他事物的连线形成倒三角构图。它的特点是在画面的上侧形成宽幅区域。

100mm F3.5 1/250s ISO100
倒三角构图表现出向上伸展的
生命力

5.3.9　对角线构图

从人的视觉心理来讲，对一边倒的东西是难以接受的，为了获得和谐的效果，需要有一个一边倒的线条出现在画面中。

比如人像照片中使用对角线构图，模特可以利用手臂与腿形成重复的斜线，使身体在倾斜的过程中找到平衡。

对角线构图能够营造一种不安定感。对角线是画面中最长的一条直线，它的应用可以在照片中融入动感。另外，这条直线将画面分成了两部分，也可营造出强劲的力度。

85mm F2 1/500s ISO100
大光圈拍摄，不在焦点平面上的
景物比较模糊

5.3.10 中心点构图

中心点构图具有集中力，能够提高拍摄对象的存在感。根据运用方法的不同，可以拍出具有安定感和集中力的照片，给人以强烈的印象。将拍摄对象置于画面的中心，就能拍出具有视觉冲击力的照片来。

为了使中心点构图不产生呆板的感觉，在拍摄中不应将主体比例表现得过大，而使其充满

画面。中心点构图是最常见、最基本的摄影构图，常用于拍摄昆虫、花朵的照片。使用中心点构图的关键是让主被摄体和周围环境产生对比，突出表现被摄主体。

100mm F4 1/350s ISO100
画面中心的昆虫虽然比较小，但也是画面的焦点

5.3.11 对称式构图

对称式构图经常出现在摄影创作的各种题材中。自然界中对称性景物十分广泛，如花卉、建筑物等。对称式构图又称为均衡式构图，通常以一个点或一条线为中心，其两个面在排列上的形状、大小趋于一致且呈对称。被摄对象结构中规中距，四平八稳，影像的色调、影调等具有图案美观、趣味性强等特点。

使用对称式构图来突出主角，首先将拍摄对象分出主次关系，使其互相形成对比，在突出主角的同时，又能给照片带来戏剧性。这种构图方式既可以让同一个拍摄对象相互对比，又可以让完全不同种类的拍摄对象形成主次关系来构图。

35mm F16 1/400s ISO100
采用1/2构图，上下对称的效果非常舒服

5.3.12 三分法构图

三分法构图将画面左右或上下分为比例2：1的两部分，形成左右呼应或上下呼应，表现的空间比较宽阔，其中画面的一部分是主体，另一部分是陪体。

三分法构图常用于表现人物、运动、风景、建筑等题材。这种构图将被摄主体放置在等分的三分线上，能够轻松得到平衡和谐的照片，是摄影者常用的一种构图方法。这种构图适宜多形态平行焦点的主体，也可表现大空间、小对象或小空间、大对象。这种画面构图表现鲜明、构图简练，可用于近景等不同景别。

28mm F11 1/350s ISO100
将地平线放置画面1/3处形成三分法构图

5.3.13 S形构图

S形，实际上是条曲线，只是这种曲线是有规律的定形曲线。S形具有曲线的优点，优美而富有活力和韵味。所以S形构图，也具有优美和活力的特点，给人一种美的享受，而且画面显得生动、活泼。同时，读者的视线随着S形向纵深移动，可有力地表现其场景的空间感和深度感。画面上的景物呈S形曲线的构图形式，具有延长、变化的特点，给人以韵律感，产生优美、雅致、协调的感觉。当需要采用曲线形式表现被摄体时，应首先考虑使用S形构图。S形构图常用于河流、溪水、曲径、山路等题材。

55mm F8 1/350s ISO100
画面中的S形线条非常优美，具有活力

5.3.14 远近法构图

远近法构图根据自然形态，营造距离感和远近感。代表范例为拍摄河流上游时的镜头，下游会朝左右扩展，越向上游靠近就会越窄，能够表现出远近感和立体感。构图时的要点是将特征性的素材配置在视线所朝向的方向。

在下面这幅照片中，地面并列的线条，由于摄影视角的不同，呈现出近大远小的景象，营造出了远近感和距离感。

24mm F13 1/450s ISO100
通过画面中的车辙表现出很强的空间感

5.3.15　棋盘式构图

棋盘式构图运用重复的手法营造出韵律感和统一感。自然界中存在像花田和海面的波浪产生的图案一样的各种重复的图形。这种重复的图形不仅可以表现出韵律感，而且可以让照片产生优美的统一感。另外，在这些具有统一感的相同模式的图案中如果加入一个重点素材，规则的美感就会显得更加突出。

该构图的使用范围较广，是拍摄野生花、群落等景和物的最有效方法。在一个画面上包含多个素材，表现结构美的同时，还可突出主体的形态。

形成群落的花草、错落有致的水果、溪谷水流中的岩石，都包含了多个被摄体。此时选择适当的照相机摄影角度和取景画面，就可表现出完全不同的视觉效果。大胆排除多余的背景空间，集中表现兴趣点，从而构成适合被摄体特点的画面。

55mm F5.6 1/250s ISO100
重复画面中的一个或两个主体，让画面的视点落在它们身上

5.3.16　留白构图

在主被摄体被安排在取景框最吸引人的位置后，要在画面中留出空白，也就是适当地设置留白。除了照片作品，所有艺术表现形式中，留白的美学都是重要的因素。只有设置适当的留白，才能更好地表达出作品的主体。

空白不是独立存在的，它需要与实体相互映衬。适当位置和比例的留白可以使视觉有回旋的余地，画面更紧凑、和谐，使主体的景物更突出。比如在人像摄影中，一般应在人物视线方向上设置较大比例的留白。

24mm F11 1/400s ISO100
用天空作为画面的留白对象，是非常不错的选择

5.3.17 九宫格构图

九宫格是两条等距水平线和两条等距垂直线把画面平分为九个部分，是三等分构图的变形形式，三等分构图多用来拍摄一些波澜壮阔的大场面，而九宫格则着重表达环境中的小景物。把拍摄对象放在九宫格的交叉点处，可以表达一种张力和活力，激发人们的兴趣。例如拍摄花朵、昆虫、岩石这些群体性的景物时，可将一个形状、颜色有所区别的个体放在九宫格的交叉点处作为拍摄对象，强调对象与次要拍摄对象之间的对比差异。拍摄一些大场面的画面时，在交叉点处配置野花或其他绿色植物可以改变画面单调的感觉，也有助于表现画面的空间感和深邃感。

65mm F3.5 1/200s ISO100

35mm F4 1/450s ISO100

100mm F4 1/100s ISO100

85mm F4 1/100s ISO100

5.3.18　通过剪裁照片的不同构图

5.4 人像构图

5.4.1 人像构图概述

在人像摄影中，画面中人物的姿态、拍摄角度、取景范围、人物在画面中的位置都是我们作为一个摄影师应该关注的问题。想要创作出一幅优秀的作品，构图是非常重要的，因为构图是决定照片成败的关键，摄影师要认真构图。人物在画面中的位置是一种构图的表现，将人物放在画面适当的位置，不仅可以使人物获得主体的地位，还可以均衡画面。对于初学者来说，很多人拍摄的照片都是人物居画面中央的构图，不是说这种构图不好，而是这种照片在画面中缺少变化，会给人一种呆板的视觉感受，这样的画面并不完美。

85mm F4 1/400s ISO100
方形构图能表现出传统的一些美感

5.4.2 人像摄影构图的含义

一幅人像摄影照片，包含人物形象的大小、线条、光源、色彩、影调层次、虚实对比等因素组。摄影师需要把拍摄点与被摄者的距离、拍摄角度以及对人物的选择等方面的因素尽可能完美地运用在一幅人像的画面中，才能更好地拍摄人像照片。

　　构图就是在画面中利用取景的安排来把景物和人物在画面中统一协调起来，在有限的空间和平面上对摄影师表现的形象进行组织，形成特定的画面结构来表现摄影师的意图，因此构图要从全局出发，最终统一整个画面。

5.4.3　人像摄影构图的目的

　　人像摄影的目的是把人物加以强调和突出，把烦琐的、次要的、不应该出现的陪体去掉或虚化，恰当地安排陪体，选择环境使人物在生活中表现得更具有艺术效果，通过摄影的手段表达被摄人物的思想情感。

5.4.4　远景人像

　　远景又称全景，全景照片可以表现人物全身的美丽姿态。但全景照片中除人物以外的事物较多，需要慎重处理。全景照片，可将人物安排在画面左侧的三分法分割线上，以突出被摄主体。照片中虽然景物较多，但是如果构图恰到好处，可以用景来制造气氛。在远景人物摄影中，要明确取景意图，并采用能够充分展现人物的角度，利用广角镜头以拍摄全景的方法拍摄人物和背景。在以人物为主的拍摄中，取景构图并不复杂，不能盲目地大比例框取人物。关键在于背景和人物的协调性，即利用背景强调人物的特点。

135mm F5.6 1/400s ISO100
虚化的背景和人物形成了对比，人物更能脱颖而出

5.4.5　中景人像

　　中景人像是拍摄人物头部至膝盖部位，也称半身人像此。此种取景可强化人物的活力，强调人物膝盖以上的部位。在实际拍摄时，可采用焦距范围在85~135mm之间的中焦距镜头。

　　中焦距镜头拍出的照片比较符合人们的视觉习惯，变形较小，透视也正常。由于与被摄人物距离较远，也不会因过于靠近拍摄对象而引起人物的不安，所以中焦距镜头适合拍摄人像，也被称为人像镜头。人物中景摄影，拍摄的方式不同，会有不同的效果。一般将人物安排在画面的一侧，视线则应面向另一侧。在头顶留出空白，这样解决了憋闷感的产生。另外，人物的姿势也应该有所变化，两条胳膊和腿与身体平行的姿势不利于表现人物的活力。

135mm F2 1/100s IS0100

135mm F2 1/250s IS0100

135mm F3.5 1/450s IS0100

135mm F2 1/500s IS0100

5.4.6 近景人像

近景人物的拍摄可以很好地表现出人物的神态，在拍摄时应该注意人物的表情和姿势。

人物近景摄影的取景方式为拍摄人物脸部到腰部以上的上半身。近景拍摄重在表现人物的神态，利用环境衬托气氛。当需要表现人物的神态或强化气氛时，使人物充满画面也是很好的选择；协调人物周围的环境更能创造出表现人物神态的氛围。

人物近景拍摄用于细致表现人物的神态。但近景容易形成证件照或护照等照片的效果，因而拍摄的重点应在于人物面部的表情。

拍摄近景人像时如果是背景协调或色彩对比效果明显的环境，最好使用横向构图。如果没有特殊的辅助物体衬托被摄主体，应该果断使用纵向构图取景，排除影响主体的背景。

95mm F3.5 1/200s ISO100
使用长焦镜头可以把远处的人物拉得很近

5.4.7 特写人像

人物特写表现人物肩部以上的头像,主要刻画人物面部的表情，所以人物的面部表情非常重要。也可以只表现人物面部的一个局部，去突出想表达的细节。

人物特写画面构图应该力求饱满，对人像的处理宁大勿小，空间范围宁小勿空。通过特写，表现人物的面部表情，展现人物的内心世界。拍摄人物特写需要观察人物脸部的特征，尽量去表现人物最完美的一面。如果人物脸部较宽，就要尽量从侧面去拍；如果下巴较长，要稍微俯视一点去拍；如果有一双美丽的大眼睛，那不妨去拍摄眼睛的特写。

特写人像可以用最简单的构图方式去拍摄，只需要让人物保持一点微笑或者其他表情，就可以轻松拍到满意的照片。

100mm F2 1/450s ISO100
特写拍摄女孩的眼睛，画面漂亮能吸引人

5.4.8 横向构图

就相机的构造来说，几乎所有相机的基本把持姿势都是方便横向拍摄的，所以初学者往往使用横向取景拍摄比较容易；另外，人的双眼看出来的影像也应该是横向构图的，所以横向构图的照片看起来也特别自然。另外，横向构图一般能表现出平衡、松弛的感觉，对于初学者来说是比较安全的构图方式。

人物在画面中的比例协调，可以更加突显整张照片的稳定感。为了塑造比较稳定感的取景，可在照片中安排深色背景以呼应画面中的人物来平衡画面。

135mm F2 1/500s IS0100
倾斜相机拍摄的横构图画面自然、和谐

5.4.9 竖向构图

通常用竖拍取景构图，是因为人都是直立的，竖拍构图可以让被拍摄者的身体更大比例地被摄入画面中，更加突出被拍摄的主体。

竖向构图的人像照片中含背景较少，使人物比较突出，能表现出人物婀娜的身姿。在人物的头顶留有空间，使得画面布局错落有致。在拍摄过程中需要注意，要在被摄者的视线方向和动作方向上多留一点空间。

竖向取景相对于横向取景不易分散视线，可以使视线集中到主被摄体上，协调被摄体和周围背景。

5.4.10 环境人物构图

我们在拍摄大场景的人像照片时，多会用到广角镜头进行拍摄，这样我们可以离人物很近，人物占据画面的比例就大很多，还可以拍到广阔的景物。注意选取背景的时候最好要单一、简洁，这样可以在背景的衬托下更好地表现人物。

拍摄这类照片时，因为要拍摄大环境所以取景范围比较大，要避免环境复杂，选择比较简洁的画面作为背景。一般选择广角镜头拍摄，摄影师还可以靠近被摄者，让人物在画面中的比例多占据一部分，人物占画面中的比例太小就不太好看了。

135mm F2 1/500s IS0100
竖构图在纵向方向有一种延伸的感觉

35mm F11 1/100s IS0100

通过幽静的小树林表现优美的环境，环境中的人物也自然地表现出来

5.4.11　在人物的视线方向留空间

在拍摄中，如果人物的视线不对着镜头，而是转向一边时，构图需要考虑视线方向和反方向的留白比例问题。常规的方法是在人物视线方向预留较大比例的空间，这样的留白可以使画面具有良好的延伸感和平衡感。这种方法是传统而有效的经典法则，它可以保证拍摄的成功率，但并不需要时刻遵守，有时可以打破常规，反而能拍出具有新鲜感和视觉张力的照片。例如在人物视线方向不预留任何多余的空间，通过视觉压迫感来表达失落、沮丧、深沉等特殊情感。所以只要与画面的主体和氛围相匹配，人物视线方向无论预留多少空间都可以。

105mm F4 1/450s ISO100
在人物的视线方向留有足够的空间，能让画面更具有深度

在人像构图时要注意以下几点。

（1）拍摄人物照片，如果不拍摄特写，基本上都会有背景的存在。

（2）构图时，在人物视线的方向上留有一定的空间，画面会很生动，不至于死板。

（3）把人物置于黄金分割的位置，画面会很和谐。

（4）在人物背对的一面留有空间这种构图，不是特殊的需要一般不这样构图。

5.4.12 不要在人物头部留太多的空间

在拍摄人物半身照时，在人物头部留下大片的空间是一些初学者和业余爱好者常犯的错误。尤其是在背景中没有可以增强画面表现力或烘托气氛的背景，或者背景完全虚化的时候，这样做就是在浪费空间，并且使画面中的人物具有压迫感，不利于人物主体地位的突出，甚至使整个画面显得不协调。如何避免在人物头部留下太多的空间呢，其实很简单，只要记住一个原则就可以了，有经验的摄影师都明白，把人物的眼睛放在画面上方三分之一处有利于拍出具有视觉冲击力的照片。眼睛的位置就决定了人物头部不会有太多的空间。

55mm F4 1/200s ISO100

让人物充满整个画面，特别是头顶不应留太多的空间

5.5 黄金分割构图

5.5.1 黄金分割的概念

黄金分割的构图原理在摄影中被广泛运用，实践证明，无论是在绘画、摄影，还是在设计等艺术的表现形式中，黄金分割的构图都可以给人带来愉快的视觉感。

黄金分割法，就是把一条直线段分成两部分，其中一部分对全部的比等于其余一部分对这一部分的比，常用2：3，3：5，5：8等近似值的比例关系进行美术设计和摄影构图，这种比例也称黄金律。根据经验，将主体景物安排在黄金分割点附近，能更好地发挥主体景物在图面上的组织作用，有利于周围景物的协调和联系，容易引起美感，整个画面给人舒服、和谐的感觉，使主体景物更加鲜明、突出。另外，人们看图片和书刊有个习惯，就是由左向右移动，视线经过运动，往往视点落于右侧，所以在构图时把主要景物、醒目的形象安置在右边，更能收到良好的效果。

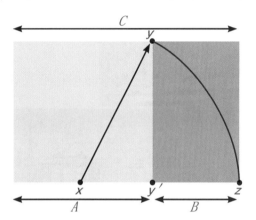

如图所示："黄金分割"公式可以从一个正方形来推导，将正方形底边分成二等分，取中点x，以x为圆心，线段xy为半径作圆，其与底边直线的交点为z点，这样将正方形延伸为一个比率为5：8的矩形（y'点即为"黄金分割点"），$A：C = B：A = 5：8$。幸运的是，35mm胶片幅面的比率正好非常接近这种5：8的比率（24：36 = 5：7.5）

5.5.2 人像照片

美女人像中人物是绝对的主体，主体在画面中的位置是构图需要首先考虑的问题。一般遵循黄金分割的原则，在美术和其他艺术形式中，视觉中心是黄金分割点或线而不是正中央。三分法是黄金分割的简化方式，就是把被摄主体放在画面水平或者垂直三等分线上，既能达到突出主体的作用，同时可以保持画面的均衡，留白的方向要根据人物的姿势，一般在人物视线方向。

105mm F3.5 1/200s ISO100
人物在画面中黄金分割点的位置，这种构图非常协调

5.5.3 风景照片

在摄影中，最常见的构图方法是黄金分割法。对许多画家或艺术家来说"黄金分割"是他们在创作中必须深入领会的一种指导方针，摄影师也不例外。黄金分割的比例约为1.618/1或1/0.618，它被称为黄金比。

在摄影构图中，黄金分割法又衍生了"三分法""井字构图法""九宫格法"。实际上它们仅仅是"黄金分割法"的简化版，其基本目的就是避免对称式构图，对称式构图通常把被摄物置于画面中央等，这样的画面往往不能够吸引观众。

35mm F11 1/1000s ISO100 +1.5EV
在雪天拍摄照片，以雪景测光需要增加一些曝光量拍摄

24mm F11 1/250s ISO100
风景照片中的主体物放置在黄金分割的位置是比较常见的且构成感很强

课后习题与思考

1.学会几种常见的风景构图，并把它运用到自己的实践拍摄中。

2.能否通过自己手里的相机拍摄出各种人像取景的照片？

3.黄金分割构图是一种最常用的构图方法，非常实用，在拍摄风景照片和人像照片时都要学会运用它。

第 6 章

人像摄影技巧

6.1　选择人像镜头

135mm F2 1/450s ISO100
室外拍摄长焦镜头是最佳的选择，它能
将人物与背景很好地分离

100mm F4 1/500s ISO100
100mm的长焦镜头虚化了人物后面的背
景，营造出虚幻的场景

　　人像是许多刚进入摄影领域的人最感兴趣的主题，一方面容易取材，另一方面为对方留下美好的人像作品，使对方快乐，容易获得摄影的成就感。

　　人像镜头一般选择70～135mm，焦距段之所以比标准镜头稍长，又不能太长是因为这样的焦距段能使拍摄者不会太靠近模特儿，避免使模特儿产生压迫感，又不会离模特儿太远，导致无法快速掌控模特儿的脸部表情、头手姿势等。另外，选择大光圈的原因是，使拍摄者有机会选择适度模糊背景，以突显主题。当然，这并不是说每张照片都要以这样的方式拍摄。

　　多数摄影者在拍摄人像时最喜欢用焦距范围为70～135mm的中长焦镜头。使用这个焦距段，拍摄的效果比较自然、真实，不会使像广角镜头那样引起面部失真，也不会像较长的长焦镜头那样引起压缩。

　　特别是35mm以下焦段的镜头拍摄的人像，其人像的立体感强，人像身体的曲线感表现非常明显，这样更能表现人体曲线和视觉冲击美。

　　135mm以上镜头拍摄的人像显然缺少立体感，长焦镜头更适合于抓拍人物脸部表情。如果要拍摄女人的身体曲线方面，这类镜头不太合适。

6.2　长焦镜头+大光圈

大光圈可以使背景模糊，使主体人物的形象更加突出。

同样情况下，使用相同的镜头，光圈状态不同，背景的模糊程度也不同。光圈越大，背景越模糊，画面越简洁，主体也就显得越突出。

使用长焦镜头拍摄人物，不易发生变形；使用广角镜头拍摄人物则会发生畸变现象。为了能使人物肖像背景更为简单，我们可以利用长焦镜头加大光圈虚化背景，这种效果会使整个画面更简洁，突出人物主体。

并不全是虚化背景才可以使画面简洁，每一种镜头，不同的光圈都有它不同的选择方式，要根据具体的要求来选择。长焦镜头加大光圈只是拍摄人物照片的一种手段。

135mm F2 1/350s ISO100
使用135mm长焦镜头和最大光圈拍摄人像，背景可以完美虚化

6.3　选择对焦点

经常拍摄人物的摄影师都知道拍摄人像时，焦点应该在人物的眼睛上。人像拍摄的聚焦是非常重要的，一张特别好的构图，如果聚焦点不清晰也是失败之作。那么如何使画面聚焦准确？

拍摄人像时有一个最基本的规律，就是对着人物的眼睛进行对焦。只有人物眼睛聚焦清晰，画面中的主体才会清晰。在使用手动对焦时，如果距离被摄者很远，可以选择长焦镜头将人物拉近，然后在对人物的眼睛进行对焦。

相机上的对焦点对不准眼睛的时候，可以采用手动对焦，以保证眼睛清晰。当我们需要的构图焦点不在眼睛上时，我们可以先对眼睛进行对焦，然后按住曝光锁定键，重新构图就可以达到我们需要的构图而不至于使人物模糊。

85mm F4 1/450s ISO100
焦点选择在人物的眼睛上

85mm F5.6 1/400s ISO100
拍摄的时候，相机取景器中的对焦点不在人物脸部位置，要先用一个焦点对人物对焦，再重新构图拍摄

相机的焦点不能对人物的眼睛聚焦的技巧如下。

（1）拍摄时，相机有限的角度是不能对准人物的眼睛的。

（2）要先对准人物的眼睛部位聚焦，然后按住焦距锁定键，重新构图拍摄。

（3）移动相机的时候最好保证相机是水平移动，前后移动就会导致拍摄的人物不清晰。

6.4　前景与背景的选择

　　前景和背景一样都是为突出主体而产生的，前景在一般的照片中我们见得很少，不是它不重要而是很少人利用前景来拍照片，背景则非常必要。

　　拍摄人像大多都需要背景的参与，选择合适的背景对表现人物有很大的帮助。背景的颜色应该和人物的穿着相适应，色彩的和谐虽然完全是个人的审美观点问题，但是仍然有一些规则是必须考虑的。因为一些色彩的集合只有在它能给人以舒适感时才是和谐的，所以各种色彩相互搭配时不应有明显的冲突。

　　如何选择前景和背景呢？前景主要是在人物的前面或是周围，有的是美化画面，有的则是某种构图的需要等等。背景则需要简洁、色彩漂亮，避免零乱繁杂、喧宾夺主的亮色块景物及反差强烈的景物。初学者更要避免人物头上出现树木、草等景物。

135mm F2 1/800s IS0100

135mm F2 1/500s IS0100

100mm F4 1/250s IS0100
选择有颜色的景物作为背景

6.5　选择漂亮的拍摄地点

拍摄人像照片一般都需要背景的衬托，为拍摄对象选择漂亮的拍摄地点可以使画面更加精彩。大自然是一个很美丽的地方，不同的环境给人物带来的感觉也是不一样的。选择漂亮的拍摄地点，不仅可以让人物心情愉快，还能使拍摄的图片非常美丽。

根据不同的拍摄风格我们选择的拍摄地点也是不一样的，表现女孩青春靓丽，我们可以选择漂亮的室外景点；表现都市风格，可以选择比较艺术的巷子、街角等地点；表达意境的照片，需要到一些铁路、废工厂、田园等地点来进行拍摄。不同的主题也要选择不同的拍摄地点，一般拍摄唯美的照片我们需要选择漂亮的拍摄地点，环境漂亮了也会让人物更加漂亮。

95mm F3.5 1/600s ISO100
拍摄人像照片，环境是非常重要的，环境是否漂亮直接影响画面的美观

135mm F2 1/1000s ISO100
被虚化的黄绿色背景和模特白皙的皮肤产生鲜明的对比，让这样的氛围下的模特更漂亮

6.6　选择不同的拍摄角度

　　一般来说正面的角度不利于拍摄人物，因为这种角度看起来太过直白，而且对人物的动作很难把握。正面拍摄太直白不代表不能用，正面的角度应该有些创新。正面拍摄时，除近景和特写外，构图不能太满，画面也不能太空。拍摄人像照片时，可选择留白的构图，使用更大的空间来体现环境，让人产生更多的联想。

　　侧正面是人像拍摄中最常用的角度，因为拍摄女性常常要表现其曲线，这个角度能体现曲线美。

　　拍摄侧面的时候，画面的构图很重要，最好不要将人物置于画面中间。在调整人物视线的同时，还应该多变换角度，俯拍、仰拍都是很好的选择。背面拍摄能抒发人物的情感，人物周围的环境在画面中是一种陪衬，通过环境来表达某种情感。

　　角度是多方位的，水平方向、上下方向都是我们需要变换的角度，也需要根据被摄者的形体特征来改变方位。例如：若被摄者比较矮，可以选择低视角；若被摄者身材比较好，平视侧面取全景就可以拍到不错的画面。

45mm F8 1/250s ISO100
从上向下拍摄人物会产生一定的透视现象

85mm F11 1/500s ISO100
平常拍摄人像都是水平拍摄，如果多一些仰视的角度，照片的视角会比较丰富

6.7　黑白人像的魅力

　　摄影诞生之初就是黑白形式，如今，那些喜爱黑白摄影的摄影者还在追逐黑白的感觉。黑白代替不了色彩，色彩也淘汰不了黑白。即使到了数码时代，这种类型的照片也没有丢失掉自己的地位，只是实现手段变得更加丰富了。

　　黑白摄影将世间万物的颜色去掉，只留下黑、白、灰三种色调。尽管彩色摄影有绝对的优势，让万物呈现绚丽的颜色，然而黑白摄影在记录和表现实事方面仍然拥有它的艺术魅力。黑白摄影和彩色摄影，除了在色彩上的区别外，其思想性还是有很大差别的。

　　彩色的人像图片，色彩漂亮，人物姿态优美，我们并不想把它都转成黑白照片。但如果尝试把彩色照片转换成黑白照片，在和彩色的照片进行比较后，会发现黑白的照片其实韵味还足一些。当我们制作一个影集的时候，适当地转换几张黑白照片，整个册子也会变化多样。

135mm F2 1/450s ISO100
用正方形的规格和黑白的模式拍摄更能体现出传统的黑白魅力

6.8 拍摄集体照

生活中往往会遇到很多朋友在一起，大家为了留念都会拍摄几张集体照，掌握集体照的拍摄技巧是非常必要的，其实拍摄一张出色的集体照并不比普通人像拍摄简单。

拍摄集体照时，摄影师在其中不仅仅起拍摄作用，还要能调动现场气氛。我们知道拍摄人物多的话，脸上的表情动作是很难一致的，所以我们要发号施令让他们做一样的动作，才能保证拍摄后的集体照每一个人都笑容灿烂。

拍摄时根据每一个人的身高我们要有所安排，谁应该站在什么位置，站队的时候切忌有人物的脸没有露出来，我们可以让人物侧身站位，人物之间相互穿插着站位。

50mm F11 1/200s
ISO100

集体照拍摄主要是要抓住每个人的表情

35mm F4 1/1000s
ISO100

集体照让人物形成扩散布局，效果会更好

6.9　离人物近些

拍摄人物，我们大多都使用中长焦镜头，可以很方便地把人物局部收拢过来。

相机距离被摄体越近，拍摄的局部范围细节越多，成像的质量也会有所提高。摄影师离被摄人物近些，也可以拉开人物与背景之间的距离，虚化背景。近距离拍摄人物也可以增加摄影师与被摄者之间的情感交流。

如果想得到一种夸张表情的照片，我们就需要用广角镜头，离人物近些拍摄。离人物较近，即使在没有长焦镜头的情况下，背景依然会虚化。

35mm F2 1/350s ISO100
用广角镜头离人物近一些拍摄大头照的效果

55mm F8 1/200s ISO100
离人物近一些拍摄不仅方便交流还可以虚化背景

6.10　人物摄影的走位技巧

　　关于摄影有这样一句话："如果你照片拍得不够好，说明你离得不够近。"这句话是说要想拍到好的照片，需要离被摄者更近些。

　　随着镜头技术的不断发展，现在的变焦镜头已经很好地解决了摄影师来回走动的问题了。我们就在一个地方，通过使用不同的焦距来拍摄不同景别的照片。虽然如此，作为职业摄影师有时候还是需要远近走位来拍摄人像照片。不同的焦距段，拍摄的人物有着很大的区别，广角端拍摄的人物全景会使人物有所变形；而长焦端拍摄人物我们需要远离被摄者，也可以拍摄到人物的全景照片，这样的照片就不会发生畸变的现象。

　　广角镜头可以拍摄人物全景，且发生了一定的畸变。如果我们远离被摄者，畸变就会小一些，如果我们离近被摄者，透视效果会加大很多。所以我们要根据摄影者的要求，来选择离被摄者近些还是远些。

135mm F2 1/600s ISO100
左图相机离人物5m，右图离人物3m

85mm F3.5 1/800s ISO100
左图离人物8m，右图离人物2m

6.11 不饱和色调

如今，不饱和色调已经成为婚纱影楼和图片工作室的一种潮流，这种色调慢慢被让很多人接受，甚至很多人已经非常喜欢这种色调。

色相饱和度可以调整整个图像或单个颜色的色相、饱和度和亮度。色相就是颜色，每一种颜色都叫作一种色相，如红色，绿色都是一种色相，饱和度就是颜色的纯度。不饱和的色调相对以前色彩艳丽的那些照片，人物皮肤会显得非常白皙、滑嫩。

不饱和的色调主要是指通过后期降低饱和度，提高人物亮度，画面的颜色饱和度很低的画面。拍摄时和平常拍摄基本上没有什么区别，相机最好不要设置到鲜艳模式。

50mm F4 1/450s IS0100
女孩的表情非常可爱，摄影师抓住了表情的瞬间

50mm F4 1/450s IS0100
利用影子让画面的构图变得协调

6.12　拍摄低调照片

　　低调照片，顾名思义就是画面中绝大部分都是暗色调，所要表现的主体比较明亮的照片。这样的画面适合表现人物稳重、沉着、含蓄、端庄的性格。

　　拍摄低调人物照片，也有一定的要求：被摄者应穿深色衣服，以便在画面上形成大面积的暗色调。在拍摄这类人像时，多用侧光、侧逆光、高逆光，这些光线勾勒出被摄者的轮廓，被摄者其他部位的光线都在阴影里，可以使整个画面是低调效果。

　　在拍摄低调照片时，曝光点的选择一般是主体中最亮的点，曝光要稍过一些，以增加一些暗部的层次。拍摄低调照片，背景如果过于亮就需要选择暗一些的背景重新构图，以保证画面整体呈暗色调。

50mm F8 1/100s ISO100
低调照片拍摄，最好背景和人物的服装都是深色调

6.13　拍摄高调照片

　　高调照片是构图包括从黑到白的完整色调区域，但以浅色调为主。高调照片与曝光过度不同，曝光过度不具有任何深色调。高调照片给人简单、明朗、典雅的感觉。拍摄高调照片需要注意拍摄环境、对象自身色彩和曝光。首先环境中的色彩要以淡色调为主，而且光线充足。被设主体的颜色为白色或其他浅色，而且与环境的颜色不能有太大的反差。用光要柔和、均匀，

为了不再被摄体上和地上留下阴影最好不要采用侧光和顺光，可采用逆光，然后用闪光灯对正面进行补光。曝光要比正常曝光稍过些。

55mm F11 1/100s ISO100
高调照片人像基本上只有头发部分是深色的，亮色调占据了整个画面

6.14 环境与氛围

不同的场景会给我们带来不同的感受，这种感觉被称为"氛围"。而拍摄，就是让人物和拍摄出来的画面融入这个氛围的一个过程。任何一种环境的氛围都需要认真地去感受，体会。

需要氛围来烘托人物主体时，环境的比例是不能过少的，否则就缺少氛围的感觉。在拍摄这类照片时，我们最好不要采用平视的角度去拍摄人物，多采用一些俯视、仰视的角度去拍摄，这样可以使看似平常的场景，得到最大限度的改变。

135mm F2
1/600s ISO100
在热闹的大街上拍摄人像照片，一定要把背景虚化掉，否则画面非常乱

35mm F2
1/100s ISO100
从画面的氛围就可以看出是酒吧这样的休闲场所

我们要学会利用环境的感觉来拍照，这样拍出的照片，人物会更好地融入画面，因为这种照片往往都是有主题性的，人物与环境的氛围形成某种意境。有时候环境本身就呈现一种氛围，拍摄者不要强加某种主题，会画蛇添足。充分地利用环境就是一种主题，结合人物特征，表现会更贴切、自然。

6.15 道具的运用

　　道具是指摄影中为了美化和丰富画面，烘托气氛的一些物品，道具可以是我们的生活用品，如桌子、椅子、雨伞、墨镜等等。任何一个物品都可以成为我们的道具，只要用得合理画面就会非常美观。

1355mm F2
1/550s IS0100
用白色的凳子做道
具，动作会更加自然
协调

　　选择道具需要注意如下几点。

　　（1）道具在画面中是陪体，它的作用是突出主题。

　　（2）道具的选择一定要符合主题风格，能烘托主题。

　　（3）道具在色彩上要与整个画面协调。

　　（4）道具的形状外观要美观，体积要合适。

6.16　人物特写拍摄技巧

　　我们可以只表现人物脸部的一个局部，去突出细节。特写可以清楚地记录人物脸部的表情、神态，在拍摄时多注意人物脸部的表情变化，抓住瞬间。遇到不活泼的人物，调动拍摄对象的情绪就显得很重要。为了提高成功率，可以在拍摄前告诉拍摄对象想拍出什么感觉的照片，与他多做交流。

　　拍摄近景要注意人物脸部的光线，清晨和下午三点以后的光线较为柔和，适合拍摄人物。如果人物脸上的光比过强，可以选择反光板来进行补光。

　　拍摄近景一定多注意观察人物脸部的表情特征，去发现其好看的一面，然后再来拍摄。每个人都有美丽的一面，发现了就好拍了。

135mm F2 1/800s ISO100

人物特写时，模特的表情是至关重要的，表情的好坏往往决定了这张照片是否能吸引人

6.17　怎样弥补人物的生理缺陷

拍摄人像，对于那些有着生理缺陷的人物，应该采用不同的角度或不同的光线进行弥补。

在拍摄眼睛大小不一的人时：可以选用侧拍方法，把眼睛小的一侧靠近照相机，根据近大远小的原理，让小眼睛稍大一点，以便两个眼睛接近。

在拍摄鼻子过长的人时：不宜拍摄侧面像，可以从正面拍摄，尽量让被拍者的头抬高一些，放低照相机的位置，这样拍摄出来的效果比较理想。

拍摄脸上皱纹过多的人时：要放低主光灯的位置，运用柔和的光线，从侧斜方面拍摄，可以取得好的效果。

拍摄脸型瘦削的人物时：对于脸型瘦削，额头突出的人物，应放低主光灯的位置，照相机位置同时放低，从正面进行拍摄。

100mm F4 1/200s ISO100
模特非常瘦小，骨骼很小，最好不要单独拍摄模特的手，拍摄人物的全身、半身像是很好的选择

课后习题与思考

1.掌握文中介绍的17个人像拍摄要点，多多练习。

2.人像特写摄影的特点是什么？

3.熟练掌握快速对焦的技能，看看自己的相机型号适合哪种快速对焦模式。

第 7 章
风光摄影技巧

7.1 用对比拍风光的技巧

1. 虚实对比

实是画面中清晰的主体部分，虚是画面中模糊的陪体部分或空白。虚实对比处理的原则是虚中有实、实中有虚、虚实相辅。虚的地方应该是陪体，主体一般不能虚。在使用技巧中采用大光圈、长焦都可以让陪体虚化。

85mm F2 1/500s ISO100
景物主体与背景形成虚实对比关系

2. 色彩对比

利用色彩的色别、纯度、明度可以产生不同的相互衬托关系，达到突出主体的目的。从感情上说，每种色彩都能表达一种情绪和心境，相关色彩相搭配则产生综合甚至复杂的感受。

摄影者在运用时，应遵循表现形式为主题思想服务的创作原则，从实际、从生活出发，一切服务服从于内容，才能取得和谐统一的艺术效果。

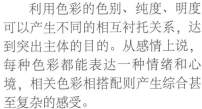

50mm F11 1/500s ISO100
绿色的草地与棕色的草地形成了色彩对比

3. 明暗对比

影调的深浅会对情绪产生影响。深色的主景被淡色背景衬着，为高调效果；淡色的主景被深色背景衬着，为低调效果。应根据高调、低调或中间调之需，确定测光主体后控制曝光。

35mm F8 1/100s ISO200
亮丽的色调与暗色调形成对比

7.2 避免使用自动功能

在自动功能设定中,相机在太阳落山时会倾向于让照片过曝,因此拍摄的景物会显得很亮。如果要按照自己的想法曝光,需要把相机拍摄模式调整到手动模式进行拍摄。光圈设置在F8~F11,这样景物的景深非常大,曝光时间也相对会缩短,速度太慢的情况下就需要使用三脚架了。如果相机没有手动功能,可以调整到光圈优先模式,把光圈设置在F8~F11之间,或者调到落日模式。

24mm F13 1/500s ISO100

相机的自动模式拍摄虽然有时候也能拍摄出比较完美的照片,但是一般情况下不要使用自动模式拍摄,因为这样种模式完全不受我们的控制

7.3 倒影的运用

35mm F8 1/500s ISO100
平静的水面很容易形成对称的效果

一般在有水的地方，其水面倒映的景物会让拍摄的画面更生动。

在自然风光的拍摄中，一般都有水的存在，上下对称的这种构图是很多摄影者的一种拍摄方法。

倒影总是伴随着它的实体而产生，是实体的"第二个自我"。所谓的"形影不离"，很好地形容了实景与倒影之间的关系。不少作品的倒影，由于充分表现了对称之美，而给人以丰富的联想、对称之美。妙就妙在倒影和实体相映而生，景物的各个部位、色调色彩，甚至连细小的情节都完美无缺，仿佛是一对连体婴，具有一种幽默、蕴藉的美感。

在拍摄时应注意：弄清楚各种倒影的特性，掌握适中的曝光数据，正确选择快门、光圈组合和取景角度。因倒影大多产生于水面，明亮的反光会欺骗摄影者和曝光表，造成光照度高于实际状态的假象，这时应开大光圈加以补偿。为保证曝光准确，最好采取分级曝光多拍几张，从中挑选最满意的。水面常有反光，为防止镜头眩光，拍摄时最好加偏振镜。

28mm F16 1/500s ISO100
如果水面略有一些波纹，真实的景物和倒映的虚化景象形成对象效果，画面会充满动感

7.4 瀑布的拍摄

瀑布是从河床纵断面陡坡或悬崖处倾泻下来的水流，拍摄瀑布为了不使我们的相机受潮，我们需要离瀑布远些，可以选择长焦镜头将瀑布拉近。近景反映瀑布的动势，而全景反映瀑布的气势。

拍摄瀑布大多数有两种情况，一是瀑布流动得像雾一样，二是抓住瀑布溅起的水滴。这两种情况都是通过快门速度的不同体现的。一般采用1/250～1/500s的速度拍摄，就可以将瀑布清晰地凝固下来，这种拍摄方法可以体现瀑布的气势，当然要根据不同的水流速设置更高的快门。还可以采用慢速曝光的方法来拍摄，最好快门速度控制在1s以下，可以得到云雾的效果。

不同时刻的光线照射效果是不同的。例如在朝阳或夕阳的光线照射下，瀑布会呈现灿烂的金黄色。拍摄瀑布使用侧光和逆光比较多，这两种光线能使瀑布流水的受光部分呈现白色，背光阴影部分表现为浅蓝色，相互映衬。

50mm F22 2s ISO100
光圈调小，让快门速度更慢一些，容易表现出瀑布流动的感觉

35mm F29 3s ISO100
慢门速度拍摄瀑布一定要使用三脚架

7.5 夕阳的拍摄

拍摄夕阳，首先要注意的是要了解太阳在天空所处的位置，一般来说，拍摄夕阳要在太阳即将落下山脊(海平面)的时候按下快门。另外这个时候太阳的颜色是鹅蛋黄，最为漂亮的时候，等太阳完全落下，天空也就慢慢变黑了，原来红色的氛围会完全消失。

在构图上，一般应该把太阳放在画面的右或右上角处。也就是俗称的黄金分割构图法，除非有特殊考虑，初学者切忌把太阳放在画面的正中央。同时也要考虑太阳在整个画面中所占的比例，适当地用前景烘托氛围，如树木、云彩等，没有前景或天空彩衬托，只拍一个完整的太阳画面也毫无美感可言。

曝光的时候，要以太阳周围的天空作为曝光基点。直接对准太阳测光，曝光亮是不准确的，会导致其他景物曝光不足的现象。应该以太阳附近的云彩的亮度为测光点，然后适当增减曝光量。

35mm F16 1/200s ISO100
太阳落山时天空的色温低，拍摄照片呈现暖黄色

35mm F8 1/100s ISO100
测光时选择太阳周围的天空，不要对准太阳测光

7.6 朝霞晚霞的拍摄

朝霞是一天当中最早的拍摄对象，往往先于日出而有彩云；晚霞则后于日落而成为拍摄对象，它们都是辉煌壮观的自然景观。

朝霞、晚霞都有自身的光线和色彩特点，我们只要把握住这些特点，就能保证拍摄成功。拍摄朝霞，要在太阳出来之前的20分钟内开始，而拍摄晚霞宜在日落之后的30分钟内完成。根据这种时间段的要求，我们一定要事先做好准备，提前选择拍摄地点。取景时应在画面上部留出充分表现云霞的位置，而地面景物一般安排在画面下端，且不宜过大，避免有喧宾夺主之嫌。

拍摄云霞要准确掌握曝光量的问题，曝光不足、曝光过度的云霞照片都不会出好的效果。朝霞是越变越亮，而晚霞则是越变越暗，拍摄时应及时调整曝光组合。

35mm F11 1/10s ISO100

朝霞时分，太阳还没出来，景物的色温偏蓝，等太阳出来时被照射到的地方色温就偏低，呈现暖黄色

24mm F8 1/250s ISO100

晚霞时分，整个环境的色温比较低，整个画面都呈现暖黄色调

7.7 闪电的拍摄

很多书里面都介绍过拍摄闪电的技巧，其实看完后也不见得都能拍好，它是一个可遇不可求的东西，但拍摄要点还是有的：把相机固定在三脚架上用全手动模式，光圈小些，ISO设置到最低，手动对焦到无穷远，可以用快门线长时间曝光。

有的摄影者认为，闪电很快，可以用高速快门等闪电的时候把它抓住，但其实人的反映对于闪电的瞬间是非常慢的，是抓不到的。

一定要通过观察，摸清闪电的活动规律：在有风的天气里，闪电是流动的，所以要摸清它的流动方向。根据事先观察到的闪电在天空中的位置，确定相机的拍摄位置与角度。相机最好固定在三脚架上。因为闪电时间很短，按地面景物亮度进行长时间曝光，闪电发生的瞬间其本体亮度是非常高的，即可把闪电拍摄下来。

35mm F13 8s ISO100
拍摄闪电需要慢门速度拍摄，没闪电的时候就一直曝光，否则等闪电来的时候是来不及拍摄的

　　虽然拍摄闪电是需要机遇的，但还有窍门可循，掌握这些小技巧可以帮助拍摄到具有力量感的闪电照片。首先相机要有B门模式和快门线，把相机安放在三脚架上，镜头对准预测的闪电可能出现的位置完成构图，看见闪电的时候在B门模式下按下快门，记得使用快门线，因为B门模式的快门速度非常快，轻微的抖动都会引起模糊，包括在三脚架上按下快门引起的抖动。闪电第二次出现时释放快门就可以获得完美的闪电照片。拍摄闪电还有一个捷径就是在相机上安装一个闪电触发器，这样只要把相机设置到快门优先模式，对准方向就可以了。

50mm F16 5s ISO100

　　拍闪电的几个窍门如下。

（1）首先调整相机把光圈缩到很小。

（2）快门速度设置在8s左右，直接对准天空进行曝光。

（3）焦点设置在无穷远的位置。

（4）相机的焦距缩到最短，方向对准闪电的位置。

（5）不要等闪电来的时候再按动快门，那时已经晚了，曝光完一次后接着继续下一次曝光。

7.8 雪景的拍摄

雪是洁白的晶体物，它飘落或积聚在景物上，雪景就是白色部分较多的景物，可以给人洁白可爱的感觉。正因为雪景中白色部分占据的面积较大，所以也比其他景物明亮，有太阳光线照射时，就更加明亮，它的感光也比一般景物灵敏。要表现出雪景的明暗层次以及表现出较近地方雪粒的透明质感，运用逆光或后侧光拍摄雪景最为适宜。

24mm F18 1/1000s
ISO100 +1EV
雪景照片需要增加曝光补偿

35mm F11 1/1200s
ISO100
注意画面中的色调，蓝色偏冷符合雪景的效果

如果以正面光或顶光拍雪景，由于光线平正或垂直照的关系，不但不能使雪白微细的晶体物产生明暗层次和质感，而且会使物体失去立体感。但是，逆光或侧面光照射在白色面积较大的雪景上，未被雪遮盖的其他色调的物体必然会因此而容易成为黑色，因此为使雪景中的白雪和其他色调的物体都能够有层次显现，拍雪景就必须采用柔和的太阳光线。

7.9　秋叶的拍摄

光线是上帝赐给摄影人的艺术剪刀。

秋色迷人，看到北方的秋叶，令人心旷神怡。漫山遍野的秋色，色彩一片，拍下来除了色彩外，却没有了亲眼所见赏心悦目的感觉。或许会有人感叹，我亲临现场，怎么没有看到这般美景呢？这是摄影师的审美、机会的把握和摄影技术方法应用的问题。

漫山遍野的秋叶，能把它们都拍下来么？不行，我们要选择性的拍摄，尽收眼底的叶子固然美丽，但是往往表现力不够。来到这样的环境，我们拍摄了很多远景，这时

50mm F2 1/500s ISO100
逆光下的叶子在太阳光线的照射下，会特别透亮

候我们不妨再拍些近景。近景能兼顾色彩和细节，突出局部，突出质感，利用局部树叶的结构、色彩展现秋叶的魅力，表现力强，正所谓一叶知秋；还有利用逆光这一特点，可以把树叶拍得透亮。

85mm F4 1/450s ISO100 +1.5EV
点测光对叶子测光，然后增加1.5挡的曝光量拍摄

7.10　露滴的拍摄

100mm F4 1/500s
ISO100
侧光的位置拍摄叶子上的水滴，在阳光的照射下显得晶莹透亮

100mm F4 1/250s
ISO100
水珠在绿色的衬托下显得晶莹剔透

拍好露珠水滴的一些建议如下。

（1）用点测光对水滴测光。

（2）拍摄时注意观察水珠的倒影，变换自己的角度选择最漂亮的位置。

（3）寻找好的光线照射位置。

（4）对焦要清晰，使用三脚架拍摄，多拍。

（5）变换水珠背面不同的景物以达到多种效果。

（6）背景若为暗色、单色，则拍出的水滴更容易显得剔透。

7.11 云雾的拍摄

遇到烟霭和浓雾之时，也许拍摄者会认为这会妨碍摄影工作，但是如果懂得善加利用，它们不但不会妨碍你的拍摄，还会替平淡无生气的画面增添烟雾迷蒙的神奇感。微微的薄雾可以增加画面的气氛，尤其当雾气凝聚在较为低洼的谷地，效果更为显著，但是要切记，雾气停留的时间很短，太阳升起的时

24mm F13 1/450s ISO100
云雾拍摄注意云雾的控制，不能曝光过度

候，阳光会在瞬间将晨雾一扫而光。

　　雾实际上是自然界中大量水气凝结而成的，这些弥漫于空中的细微水珠可以营造出引人无限遐想的画面，如浓雾飘浮中的群山、薄雾及炊烟轻轻笼罩的山村。然而无论是大雾浓重还是薄雾缥缈，它们都和雪景一样容易扰乱测光表。因为当阳光遇见这些水珠，强烈的直射光会变成散射光，雾的亮度是正常景物的1～2倍。所以拍摄中，要针对不同的情况，增加一定比例的曝光量。

85mm F13 1/100s ISO100
雾景营造的氛围犹如仙境一般

7.12　全景照片的拍摄

当我们置身于壮美奇妙的大自然之中时，总习惯于四周环视，期望全方位了解身处之地。但以往的技术条件决定图片拍摄角度非常局限，如果选择角度过于宽广的鱼眼镜头又会使自然景物严重变形，除非选用价格极为昂贵的专业宽幅相机，否则我们只能陷入无尽的懊恼之中。还好，数字技术的来临使得这些问题都迎刃而解，数字相机的接片功能以及各种各样的接片软件使得我们能够轻易拍摄全景照片。

28mm F11 1/500s ISO100
接片拍摄注意不要在主体物的位置裁切照片

28mm F16 1/350s ISO100
拍摄接片设置相机为手动模式，保证每次拍摄的曝光量相同，避免不同的曝光量会有不同的色调

拍摄注意事项如下。

（1）拍摄接片为了更好地保证后期制作，最好采用手动曝光模式拍摄，这样就不会因为不同的曝光量而导致色温有很大的区别。

（2）接片的位置不要有主体景物的出现，避免后期不容易操作。

7.13　接片的魅力

24mm F11 1/1000s ISO100
竖构图拍摄接片会形成一定的透视变化，拍摄的时候人物可以离被摄景物稍远一些

接片是我们常用的一种手段，对于拍摄大范围比较好看的景物时，可以将几张照片合成一张照片。在拍摄宽阔的大场景时，由于信息量大，必须采用广角、超广角镜头拍摄，有时我们的镜头也达不到效果，广角镜头有四角发暗、边缘汇聚变形、细节不清等毛病。这个时候我们就可以选择接片来拍摄。所谓接片，就是将实际场景从左到右分解成若干段，每次只利用相机有限的画幅，拍摄其中的一段。完成拍摄后，在后期制造中将各个部分连接起来成一张照片。过去接片需要在暗房里手工制作，如今利用数码技术却显得非常简单。

在拍摄接片的时候我们要考虑到后期制造，所以我们拍摄时也不是盲目的拍摄。拍摄的景物上下都要留有多余的空间；从左向右拍摄时，相机要水平；最好使用手动曝光同一种色温平衡；拍摄时尽量不要从画面中主要景物处进行裁剪等。接片的时候要保证所接之处不要太过明显，若有接缝则会影响效果。

拍摄接片，我们要把相机安装在三脚架上，拍摄前，可先用直视取景框看看，被摄景物需要拍几张，在哪几个部位连接，要做到心中有数。拍摄接片时，背景也很重要，最好在接缝处有明显物体，这样拼接容易些。

拍摄过程中，每一张底片的地平线都要保持平衡，曝光亮也要一样，如果曝光不一样，成像照片就会有差别，接片时也不太好接。为了使拼接时易于剪裁，在两张照片接缝处要多留一些，上下也要留足够空间。

7.14　水面反光用偏振镜

　　偏振镜，也叫偏光镜，是一种绿色镜。偏振镜能选择让某个方向振动的光线通过，在彩色和黑白摄影中常用来消除或减弱非偏振光的反光，从而消除或减弱光斑效果。

　　我们拍摄水面时，水面时常会有反光，拍摄的照片会影响画面效果。可以将偏振镜放在相机镜头前，旋转偏振镜直到取景器里看不到水面的反光为止。这时我们拍摄的照片就会清晰很多，也没有水面上的光斑了。但是要适当增加曝光量，偏振镜阻止了非偏振光进入镜头，光线就会减弱，要适当增加曝光量。

50mm F5.6 1/450s ISO100
没有使用偏振镜，照片有很强的反光

35mm F5.6 1/450s ISO100
使用偏振镜后，照片能看见水底的线

7.15　烟火的拍摄

烟火喷出的火星划过夜空留下了美丽的足迹，烟火在漆黑的夜空中显得无比绚丽多彩。

这样漂亮的景色也是摄影者最想拍好的，对于一个初学者来说拍好烟火仅靠相机的自动功能是很难做到的。漆黑的夜晚对烟火曝光，在不同的时刻曝光亮度是不同的，如果烟火在上天到散开期间没有完成测光、曝光就很难曝光准确。拍摄烟火我们需要手动设置相机，当烟火散开的一瞬间相机对准烟火进行测光，最好让烟火充满整个画面，然后根据这个曝光量设定曝光组合，不同的快门速度会形成不同的效果，多拍几次找出最佳的曝光组合。

漆黑的夜空，烟火的曝光量不足以把夜空给照亮，为了在一张照片上留下多个烟火的漂亮足迹，我们可以使用多次曝光功能。

在对烟火对焦时，相机的对焦反映稍慢拍摄的照片就会虚，我们最好也选择手动对焦，使用三脚架固定相机，先自动对焦然后调成手动就可以了。

85mm F4 2s ISO100
拍摄烟火的时候避免几个烟火叠加在一起

7.16 草原风光的拍摄

　　草原照片的核心是线和色彩。利用构图和取景，能够使线和色彩表现出最美的一面，使其充分表达出主题内涵。合理布局浮云和草原的轮廓以及中心位置的辅助被摄物，就可以表现出画面的稳定感。

　　拍摄草原风光时，最好带上一个稳固的三脚架。草原上的天空云彩是变化无穷的。白云在蓝天衬托下可形成很好的陪景。在有大量牲畜时，要选择高角度。取景时最好把地平线放到画面的五分之一处，甚至放到画面的边缘之处。切莫天空草地各占一半，为避免牧场给人以空旷之感，可有意识地将弯曲的河流、沼泽安排到画面之中，它不但能美化构图、丰富影调，还可给人一种水丰草茂、生机盎然的感觉。

24mm F16 1/800s ISO100
广角镜头拍摄草原风光，给人带来一种视野开阔的感觉

24mm F11 1/500s ISO100
草原上的黄色与天空的蓝、白色，形成了对比

　　拍摄草原风光时应注意以下几点。

　　（1）不同季节照片颜色上会有很大差异，如果颜色用的好照片就会更加美观，如果颜色乱，拍摄的照片会很不理想，所以要根据季节，合理搭配颜色。

　　（2）为了得到草原上的大面积景物，需要站在山上的制高点，这样才能记录更多的草原影像，而且还需要使用广角镜头拍摄。

　　（3）草原上色彩丰富、鲜艳，要善于观察从中找到适合的色彩安排在画面上。

7.17 黑白风景的拍摄

　　风景摄影有很多种表现方法。彩色的风景给人更多的视觉感官刺激，而黑白风景剥离了色彩的浮华，更多表现视觉之外的东西，更纯粹描绘内心情感和对风景感性的抒发。

　　拍摄黑白风景要注重画面中亮部的表现，控制好高光部分才会使低调的画面视觉更为突出。拍好黑白风光作品还有很重要的一点就是处理好景物中的影调、明暗关系以及反差。天气情况在这些方面中也起到了重要的作用，无云的大晴天，光比大，反差也大，影调比较生硬；薄云遮日，朦胧的假阴天在影像控制上要好些；乌云密布，云层层次好也能有好作品出现。

　　黑白摄影以不同的灰度层次再现景物的色彩和深浅，整个画面上各种色彩都化为千差万别的灰色，从而表现层次、质感。这在抒发情感、渲染气氛方面更有独到之处。与其说黑白摄影将色彩丢失了，不如说它将色彩抽象化了。它能让观赏者进入一种"此处无彩胜有彩"的意境。因此，可以说黑白摄影的韵味和艺术感染力比彩色摄影更强烈、更有渗透力。

24mm F22 1/30s ISO100
用极小的光圈拍摄，获得足够大的景深，保证画面每个点都是清晰的

35mm F8 1/60s ISO200
黑白照片拍摄夜景，产生的明暗反差形成对比

7.18 空间感的表现

　　自然风景的空间感主要是通过线条、空气透视、虚实关系等方法来表现的。如果需要大的景深，拍摄照片时要使用小光圈、中等焦距镜头拍摄，利用景物的线条关系来表现画面的空间感。

　　空气透视的方法是最容易使拍摄的风景照片具有空间感的，空气透视比较强的时候，近的景物比较清晰，而远处的景物由于空气中的灰尘或水滴，阻碍了光线的反射变得模糊，这种效果也可以很好地表达空间感。

　　景物前后的虚实关系也是表达空间感的好方法，由实景逐渐过渡到虚景，会让人物视觉上有空间感。

28mm F13
1/350s ISO100
前景的油菜花与后景的树木具有空间感

35mm F16
1/1000s ISO100
堤坝边缘沿水延伸，使画面的空间纵深感很强

7.19 湖泊的拍摄

大自然不仅有多种多样的天气变化，同时也在地球表面生成了千姿百态的地形地貌。当我们投身到大自然中进行户外拍摄时，经常会遇到一些自然造化而成的大场面，如湖泊。这些自然景观特色鲜明，给我们的摄影带来无限的乐趣和灵感，但是该如何进行光线的选择以及画面的表现呢？

我们知道，湖泊尽管其外部形态各具特色，但是内部构成成分都是水。大景别画面的水具有如下特色。

（1）水面具有较高的反射率，在一般情况下水面比较明亮，当阳光照射与摄像机镜头形成一定夹角时，在画面中会形成强光反射。

（2）水无定形且变化无穷，除江边、河边、海边等水与陆地交界部分受地形线条决定形成明显线条外，其水面线条（水纹、水线等）与静态景物相比不稳定。

（3）同一水域，在顺、侧、逆三种不同光线照射下，其水面颜色不一样。例如：在顺光或者顺侧光照射下，绿色水面的色彩浓艳；在侧光照射下，绿水的饱和度会降低，水面波浪的起伏线条及明暗反差较大；在散射光照射下，水面均匀受光，绿色的色彩比较淡雅柔丽，没有明显的反光。总之，顺光不利于表现水的质感及固有色。当水质比较清澈、水底较浅时，顺光下容易看清水底景物；侧光有利于表现水的形态、波浪线条等；逆光下水面闪烁不定的高光点使画面中水的形象活跃、富有诗意。

宁静的湖面像是一面镜子，可以倒映出水景周围的景色。林间的湖泊环境往往光线比较暗，但是气氛非常宁静，这样的景色是非常不错的画面。

24mm F18 1/450s ISO100
天空、山、水、树木形成了一幅世外桃源的画面

7.20 画意荷花的拍摄

画意摄影不单单是构思、立意、用光和色彩的搭配，运用多重曝光时也不是简单的增挡与减挡。在拍摄时选用不同颜色花卉作为主体的曝光是关键，曝光量掌握不好直接影响照片的效果。我的测光方式主要是以机内点测光为主，根据自己所要达到的效果来决定曝光量的增与减。

我们将花卉主体放在背景颜色最深部位，深颜色的背景能更好地衬托花卉主体，深颜色的背景大都在第一次曝光时不感光或少感光，这样还有利于多次曝光拍摄。

在拍摄荷花时，很多时候花的背景暗不下去，我们可以选择颜色浅一些的花朵，花卉主体背后用黑布遮挡，必要时花卉主体的前面部分也要适当用黑布作局部遮挡，来降低不需要曝光的部分的曝光量。很多人拍摄荷花，就只是拍荷花，其实荷花摄影的拍摄对象是非常广泛的，把目光放开一点，细心观察，就能发现荷花摄影的内容非常丰富，荷花、荷叶、露珠等池塘里的一切都是我们的拍摄对象。

拍摄荷花分为写实、写意两大类拍法。

写实的拍摄手法着重形态的表现，将被摄对象的外在特征具体无遗地一一描绘下来，但这通常属于记录性的摄影，很难拍出新意。

写意则着重意境氛围的营造，反映事物的内在本质特征，还带有拍摄者浓厚的主观感情色彩，往往可以拍出有独创性的照片。

135mm F4 1/350s ISO100
使用长焦镜头把远处的荷花拉近，且背景很好地虚化掉了

100mm F5.6 1/250s ISO100
以一个主体物作为拍摄对象，这样更容易出效果

7.21 海景的拍摄

7.21.1 大海的构图练习

在海上拍摄大海的照片和从陆地上拍摄大海的照片完全不同，它们需要使用不同的构图形式才能得到理想的照片效果。通常，平静的海面上景色非常单纯，天空只有纯净的蓝白两色，所以运用色块和线条容易构成美丽的大海照片，常用的构图法则有三分法、水平、下沉式构图。从陆地上拍摄大海则有更加丰富的构图变化，借助海岸或沙滩上的一些石头作前景来构图，可使大海的纵深感增强。

24mm F13 1/800s ISO100
利用水面上的船只构成了斜线构图

28mm F16 1/640s ISO100
利用地平线进行1/2构图

28mm F13 1/450s ISO100
利用远处的地平线构成三分法构图

7.21.2　拍出大海的壮观氛围

碧海蓝天一望无垠，波澜壮阔，但为什么有时拍成照片却平平淡淡，一点也没有表现出海的气势与美丽呢？这就是人用眼睛观看和用相机镜头留影的不同之处。眼睛观看时是立体的，因而有空间感，会觉得天空大海无限深远，而照片却是平面的。看照片就很难感受到身临海边所感受到的那种辽阔、宏大。用高速快门凝固溅起的浪花，会有与众不同的效果。为了强化日落的效果，在使用RAW拍摄时，可以稍后在Photoshop里选择白平衡。如果使用JPEG拍摄，调到"风景"模式，拍下一张测试照，观察液晶显示屏里的照片效果。

35mm F22 1/10s ISO200
慢门速度让浪花来回地拍打木桩，形成了图片中的美丽景象

7.21.3　高速快门拍大海

大海激荡的海浪，金色的沙滩，往往是摄影爱好者喜爱的拍摄题材，但是想拍摄好海景也并非易事。

如果用高速快门拍摄大海，可以表现出大海咆哮、奔腾的画面。高速快门把海水溅起的浪花凝固在空中，在风的吹拂下海面越来越不平静，被凝固的海面就可以完全体现出这一点。要使用高速快门拍摄，首先要调整相机为快门优先模式或是手动模式，先设定快门速度为1/500s甚至更快，再根据曝光量确定最恰当的光圈值。

85mm F4 1/1000s ISO200
高速快门抓住了浪花翻滚的瞬间

7.22 户外摄影的禁忌

35mm F11 1/800s ISO100

一幅好的摄影作品需要耐心等待，要在景物最完美的时候按下快门

户外摄影的禁忌如下。

（1）忌阳光直射。

太阳光直射会在人物脸部产生强烈的阴影，会显出皮肤皱纹，破坏人物的形象。

（2）忌人物与有色环境过近。

在明亮的光线照射下，物体的反光会很强。特别是那些鲜艳的景物，色彩会映射到人物身上，造成偏色。

（3）忌人物背后有树枝从头上冒出。

在选择背景的时候人物不要站立在单独树枝冒出的前面，人物头上好像长了树枝，拍摄的画面会不美观。

（4）忌忽视滤光镜。

在户外无云的蓝天下，所有避光处都带上了蓝色罩；而在暮日的辉光映照下，所有的景色都染上了一层橙红色。如果想让景色保持原有的色彩，我们就需要在镜头前装上相应的滤光镜。

（5）忌感光度过高。

在户外光线下，一般光线强度很高，不需要用高感光度。感光度越高，噪点越大。

（6）忌胡乱补光。

在明亮的日光照射下，景物会有很强的反差。为避免反差过大，运用辅助光进行辅助照明是有效的，但要掌握好分寸，既要避免辅助光过亮，又要避免露出辅助光的痕迹。

（7）忌完全依赖自动曝光挡。

自动很显然在很多地方体现了它的优点，但是我们也不能完成依赖自动曝光。在相机取景器内出现一半亮一半暗的景物时，相机的自动曝光就会不准确，可以说很难按照自己想要的曝光数据来曝光，这个时候就需要手动设置曝光参数。

（8）忌逆光直摄镜头。

光线很强的情况下拍摄逆光照片，逆光直射镜头，很容易产生光晕现象。

（9）忌穿反光过强的服装。

在强光下拍照，被摄者如果穿反光过强的衣服，人物脸部曝光正常的情况下衣服就会变得雪白一片，没有了衣服的质感。

35mm F8
1/500s ISO200
使用广角镜头拍摄，近处的石头和远处的山脉都非常清晰

7.23　使用变焦摄影镜头的经验

使用变焦摄影镜头的经验如下。

（1）利用长焦距对焦、测光。使用变焦镜头时，正确的对焦方法是先用长焦距对焦后，再选择合适的焦距拍摄，因为在长焦距时，被摄体的影像最大而景深最小，这就方便了准确对焦。在遇到逆光或光线复杂的情形时，也有助于选择适当的局部测光，而无需走近被摄体进行测光。

（2）熟悉变焦镜头的操作。变焦镜头的特点是通过将镜头前后推拉来改变焦距，左右旋转来进行对焦。因此，对刚刚购买新镜头的摄影爱好者来说，要熟悉及牢记变焦的前后方向和对焦的左右位置，避免在精确对焦之后因变焦时微稍转动调节环而影响清晰度。

45mm F8 1/450s ISO100

135mm F4 1/350s ISO100

55mm F11 1/200s ISO100

75mm F8 1/1000s ISO100

7.24　黑卡技术在风景拍摄中的应用

我们在拍照的时候，难免会遇到反差特别大的光线，由于数码相机的宽容度是很小的，不能同时兼顾亮部和暗部的曝光。一般是天空和地面的景物反差比较大，反差强的光线出现的多，可以在镜头前加一个渐变滤镜来减少天空的光线。这里介绍一下黑卡技术：就是用一个黑色的纸板来挡住相机的镜头，给相片的不同部分合理的曝光。

如拍摄夕阳下的水面或者山谷，对明亮的天空进行测光，合理曝光需要2s，对暗处的地面进行曝光，合理曝光需要4s的时间。这时可以先用黑卡挡住一半镜头，即天空部分，地面先进行曝光。在2s后拿掉黑卡，对整个画面进行曝光，历时2s。这样叠加起来，天空地面就都合理地充分曝光了。

24mm F18
1/450s ISO100
拍摄时用黑卡纸挡住
太阳光的部分

16mm F8
1/250s ISO100
以不同的曝光量多拍
摄几张，从中寻求最
好的曝光

7.25　夜间车辆的拍摄

　　夜间拍摄往往需要长时间的曝光，因此三脚架是必不可少的。拍摄运动中的车辆，要用小光圈和慢快门，长时间曝光，一般2～8s的时间为最佳。在拍摄角度上因为车前灯光线太强，容易造成曝光过度，故应尽量选择车尾灯的光迹。表现车流的轨迹时，在单行道上拍摄迎面驶来的汽车，在画面上留下的是汽车前灯的白色轨迹；汽车往前驶去，则在画面上留下的是汽车尾灯的红色轨迹；在多行车道上，白色轨迹和红色轨迹同时存在。

45mm F8 15s ISO100
使用三脚架，放慢速度拍摄

45mm F11 20s ISO100
选择被照亮的路面为曝光点拍摄

　　夜间车辆的拍摄技巧如下。

　　（1）准备一个三脚架，将相机固定在三脚架上。

　　（2）将相机的光圈设置到F11，小光圈大景深效果。

　　（3）测光点选择在远处的灯光区。

　　（4）感光度调整到相机的最低值，低感光度成像比较细腻。

7.26　天空是最好的背景

　　风景摄影中，天空是最好的背景。蔚蓝的天空与地面上的青绿色是最和谐的搭配，而且天空简单明快，不会太过杂乱而分散注意力，可以保证主体的突出。而日出、日落和明月高悬的天空，与拍摄者的创意结合起来能够拍出独特的、有味道的风景照片来。在日出或日落时分，以天空为背景拍摄建筑物或者船舶等景物，把焦点放在地面上的景物上，这样拍出来的太阳有些许虚化，将主题与背景分离，很好地表现了造型之美。以明月高悬的天空为背景拍摄树木或者传统建筑的剪影，更是能表达一种月上柳梢头的意境。

35mm F11 1/1000s IS0100
广角镜头以天空为背景拍摄椰子树，构图新奇，打破了常规的构图法则

　　上图的拍摄技巧如下。

　　（1）仰视拍摄树枝，以天空为背景。

　　（2）选择树枝为对焦点。

　　（3）根据天空的亮度进行测光、拍摄。

　　（4）根据测得的曝光量，再减少1挡的曝光量，天空会变得更蓝。

　　（5）要用广角镜头拍摄才能保证树的底部和顶部都是非常清晰的。

7.27 红外线风光的拍摄

红外线摄影与普通摄影的区别仅仅在一个是不可见光，另一个是可见光。成像原理都是利用光线照在物体上的反射经过镜片在相机内成像。太阳光除了可见光外，还包括其他不可见光，红外线就是其中一类。太阳光照在相机上其实也接收了红外光，数码相机用的CCD或CMOS本身也感应到了红外线，只是在一般的状况下由于可见光的光量远大于红外光，所以看不出红外线效应。红外线的热度异常明显，红外线的这种高反差可以很容易地拍摄到漂亮的高细节黑白片，所以很多人开始使用红外线摄影。

24mm F11
1/450s ISO100
红外线风光拍摄是利用红外线感光的

45mm F8
1/350s ISO100
红外线照片的独特色调给人梦幻般的仙境感

课后习题与思考

1.掌握文中介绍的常见的风景环境的拍摄方法，强加练习。

2.数码单反相机中，风景模式的特点是什么？

3.熟练掌握不同风景的构图方式。

第 8 章

其他分类摄影

8.1　花卉摄影

　　在摄影艺术中，花卉摄影由于它独特的魅力，已经成为专业摄影中一个重要的的门类，就象爱情和生命是文学创作的永恒主题一样，娇艳的花卉也是摄影爱好者永恒的主题。花卉摄影相对于人像、风光等摄影有很多迥异之处，在技法表现上也有很多特殊的要求，如在构图、用光、视角、色彩表现等方面都要适合其特殊的要求。同时，花卉具有体积娇小的特点，需要更多地使用近距离拍摄手段，故此，一个可以进行微距拍摄的镜头是必不可少的。

100mm F2 1/250s ISO100
用长焦镜头近距离地拍摄花卉

85mm F4 1/500s ISO100
三朵花之间形成了品字形构图

　　一副优秀的花卉图片，应该使用哪些手法进行拍摄呢？应该"因地制宜"，花有百态摄无常律，在镜头前多样的花朵有着不同的生长环境，也就使得我们面临着不同的拍摄条件。同时，花朵有婀娜多姿的身影和变化万千的艳丽色彩。这就要求我们勤观察、多思考，要发现不同花卉的魅力所在，从而为正式拍摄打下良好的基础。未经细心的观察，就难以造就花卉摄影佳作，下面就"虚实控制构图、变换视角控制构图、用光线描绘花朵、近距离拍摄花卉"这四个方面进行详尽说明。

8.1.1 用虚实控制构图

花卉拍摄中最重要的就是虚实关系了，它是构图中一个较为特殊的表现手段。图像中对比的语言是画面成功的关键因素，合理地运用虚实对比，可以突出主题并喧染艺术氛围。技法要求实的聚焦必须主体清晰、逼真；而虚焦是要去掉影响主题的不必要的景物。那如何产

生虚实的艺术效果呢？现在我们可以回忆一下以前学习的处理景深通常使用的方法，最近距离拍摄；最大光圈设定；最长焦距镜头，这三点都是我们拍摄最小景深所必备的条件，也是花卉画面构图所必备的。

135mm F4 1/250s IS0100
主体物与虚化的花朵形成了虚实对比

100mm F4 1/500s IS0100
两个主体物之间一个清晰一个模糊，有很强的对比关系

8.1.2 变换视角控制构图

变换视角是指拍摄时多尝试变换照相机与花卉两点之间在直线、平视线或垂直线所构成的角度。因为被摄景物都是存在于三维空间中的，所以相机放置的空间位置、角度稍有不同，照片的效果就可能大相径庭。相机的空间位置由相机与拍摄对象的距离、拍摄方向、拍摄高度三个因素决定，不同的空间位置决定了多样的花卉表现形式，不同的摄影角度，也会对构图产生很大的影响。故此，拍摄花卉第一步就是选择最佳拍摄视角，所谓"失之毫厘，谬以千里"，在拍摄时要仔细观察景物，并不惜时间与精力进行多种视角的尝试，做到有所突破，有所创新。

50mm F2 1/450s ISO100
从花卉的底部向上拍摄

50mm F13 1/800s ISO100
平常观察花卉都是俯视的效果，这张照片从花卉的底部拍摄，而且是逆光的条件下拍摄，花卉显得很通透

8.1.3　用光线描绘花朵

　　现场光拍摄的光线是复杂多变的，灵活运用好光线，是摄影造型语言中的重要技法之一，它可以突出地表现花卉的色彩、肌理、层次、形态。阳光在一天里的变化是极为丰富的，用自然光拍摄花卉时，日出后两小时内的光照度是较为理想的选择，因为此时花卉吸收了一夜的营养，显得色泽鲜艳，质地娇嫩，而光线也使得花卉色彩清晰，层次分明，影调适中。当然，实际上一天中的任何光线下都可以拍出美丽的花卉图片，这需要采取多样的手法来应对不同的光线条件。

　　花的位置是固定不变的，只能通过摄影师去寻找到最佳光线的位置，才能让拍出的照片更富于魅力。通常情况下逆光拍摄是非常不错的选择，在太阳光线的照射下花卉通透、明亮，这样色调也很丰富，再加上利用镜头语言的表达，很容易拍摄出精美的作品来。

100mm F4 1/500s ISO100

光线照射在黄色的花朵上，颜色格外的诱人

8.1.4 近距离拍摄花卉的魅力

近距离拍摄，也是花卉摄影的必要技法之一。与花卉保持较近的距离，就能更加细致地观察，也就容易拍出较好的图片，从构图上讲，越近的距离拍摄，画面越饱满；从技法上讲，近距离进行拍摄，能使被摄主体的聚集距离更近一些，结像更大一些；从影像来说，越近拍摄，画面越具有抽象的艺术语言。

100mm F3.5 1/350s ISO100
微距镜头拍摄的花卉特写，其整齐的花蕊冲击力很强

100mm F4 1/450s ISO100
利用微距镜头拍摄局部特写

8.2 建筑摄影

　　建筑摄影是属于较为典型的应用类，也是职业摄影中最重要的一环。因为建筑摄影在多数情况下要适合广告主、出版界、学术界、建筑师等多方面的要求，故此建筑摄影更多的是倾向于它的实用价值，而较少的抒发个人情趣。这就要求我们尽力用二度空间的照片完美地去表现三度空间中建筑师的灵魂和思想，因而建筑摄影家更需具备建筑艺术上的一些学识和审美的眼光。

8.2.1 普通调整畸变

　　由于镜头产生的畸变，拍摄建筑物时都会遇见近大远小的透视问题。为了消除这种变形，无论是使用专业相机还是普通相机，调整相机的水平及垂直以及保持相机与建筑物一定的距离都可以有效地还原建筑中多变的线条及复杂的构成。

　　但是这种方法仅仅适合较低的建筑物，如果针对现代城市中的高楼，或在拍摄中由于前景过多的杂物和特殊的地理位置而导致无法退后拍摄时，我们就需要选用专业相机和镜头进行拍摄。

35mm F11 1/200s ISO100
当我们把相机仰视拍摄建筑的时候就会呈现透视变化

24mm F8 1/500s ISO100
离建筑物越近其透视变化越明显

8.2.2　专业调整水平及垂直

　　我们在第2章提到移轴镜头可以有效地调整较高建筑物的水平及垂直。除此以外，具有4英寸×5英寸以上的底片或具有更大分辨率的数字后背的大画幅相机，除其特性是具有更大的底片和更为清晰的图像外，它还有一个主要的功能就是拍摄建筑，因为其聚焦平面与成像平面的光轴可任意改变位置和角度，从而解决了建筑在普通型相机前所产生的透视变形问题，因此，大画幅相机能够更好地满足真实还原建筑造型的要求。此外,大画幅相机可将前景与后景都采用大景深控制使其保证全部清晰，也是建筑摄影中常用的技法。

35mm F13 1/400s ISO100
存在透视变化的建筑物

35mm F13 1/400s ISO100
透视校正后的建筑物

8.2.3 近距离透视拍摄

大凡拍摄建筑物要保证水平及垂直，但是，针对一些特殊的建筑物，也可以尽量靠近并用广角拍摄，用近大远小的透视感来增强它的雄伟气势，而不必拘泥于某些特定的法则，以做到活学活用。

24mm F11 1/450s ISO100
近大远小的透视变化，画面的构成感很强

35mm F11 1/350s ISO100
拍摄建筑物的时候经常会利用透视的变化来构图

建筑摄影技法如下。

（1）尽量在晴天并有阳光的清晨拍摄，一来可以拍出建筑物的体积感，二来可以避免过多的人物出现影响画面效果。

（2）在绝大多数的情况之下，尽量使用较小光圈以确保建筑前后景物同样清晰；选用稳固的三脚架和快门线来保证高素质的画面。

（3）在镜头前添加偏光滤镜，可以加深天空的颜色。

（4）如果画面中天空所占比率极大，而建筑物本身颜色深度与天空相差不大时，可向天空测光。

35mm F8 1/100s ISO100
仰视拍摄建筑物就会产生透视的变化

8.2.4 环绕同一建筑物拍摄

拍摄任何一个建筑主体时，都不要只用一个角度和一种光线进行拍摄。在不同的季节和用多种视角拍摄的景物会散发一种别样的气氛和另类的情调。

拍摄此类图片时，建筑物本身不需要很华丽，也不需要它具有何种纪念意义，一栋普通的建筑即可，所需要做的就是配合建筑物的环境营造多样的氛围。

55mm F8 1/450s ISO100

55mm F8 1/450s ISO100

55mm F8 1/450s ISO100

1/2构图法拍摄

35mm F8 1/450s ISO100

利用湖水对称构图拍摄

8.2.5 建筑细部拍摄

多数建筑物，由于不同的功能性，都具有在不同角度、不同表面、不同视点，给我们展现不同姿态的特点。当仔细观察被拍摄的建筑物时，就会发现建筑物本身无论雄伟、高耸，还是流畅、优雅，或者自然、协调的信息，最终都被建筑物所呈现出来的细节特性所传达。故此，在拍摄时，除了要用相机表现建筑独到的艺术境界外，很重要的一个方面就是关注其细节及技术设计所体现的严谨和精致。

85mm F8 1/450s ISO100
建筑物的局部拍摄

45mm F11 1/250s ISO100
在拍摄这张照片的时候，要注意两个窗户一定要横平竖直

8.3　纪实类

8.3.1　黑白照片

　　数码相机宽容度小，表现不出黑白银盐那么多的灰阶层次。但最基本的，纯黑、纯白以及中间调还是可以拍出来的，当然层次没有银盐那么多，表现力差一些，因此在拍的时候更要注意曝光。如果要表现画面的每一个细节，最亮的地方和最暗的地方曝光值最好在5级以内。

　　黑白照片的风景相比彩色而言，没有色彩，主要是靠黑白的影调关系来表现景物。它去掉了万物的颜色，只是用黑白关系来表现景物，这样的照片其实意味无穷。

55mm F8 1/350s ISO100
打井工人正在忙碌着

8.3.2　抓拍

　　拍摄这类照片时，在具有场景环境和情节的情况下进行抓拍就不至于死板、生硬。

　　拍摄时，选择长焦镜头或变焦镜头的长焦端，这样可以让拍摄者与被摄对象之间保持一定的距离，以免影响被摄对象的活动。

85mm F4 1/250s ISO100
两个孩子自由地玩耍

8.3.3　跟拍

　　跟拍是纪实摄影里的一种拍摄的方式，它是围绕一个被摄主体进行跟踪拍摄，目的一般是完成一个纪实的图片故事或是一个专题报道。准备一款变焦镜头，将相机曝光模式转到"程序曝光"挡进行待机，以提高反应速度。这样在跟拍选定对象时，我们随时可以举起相机进行拍摄。

28mm F4 1/400s ISO100
倒水泥

85mm F4 1/400s ISO100
擦汗

65mm F4 1/500s ISO100
撬石头

100mm F4 1/500s ISO100
工作时用的手套

85mm F4 1/350s ISO100
忙碌着的挖土机

85mm F4 1/350s ISO100
局部特写

8.3.4 盲拍

28mm F3.5 1/450s ISO100
把相机直接放在腿部视线的位置拍摄

24mm F11 1/200s ISO100
为了不打扰别人，不用眼睛看取景器聚焦而直接拍摄

纪实摄影的拍摄我们都要有思想性的拍摄，然后利用相机的镜头去表现思想。有的时候我们会存在思想空白的现象，这个时候就不利于拍摄纪实内容的照片，但是我们可以盲拍一些照片，然后从这些照片中寻找出线索，找出一些符合我们拍摄思想的照片。盲拍的好处就是不用通过我们人眼观察后取景，只要将镜头大概朝向某一区域，然后按下快门按钮拍摄。采用这种方法拍摄时，需要使用广角镜头，将更多的景物摄入画面，然后在画面中寻找精彩的亮点进行裁切。

8.3.5 风土人情

中国有悠久的文化历史，有多民族的不同风俗习惯，这让很多摄影爱好者喜欢拍摄风土人情的照片。

拍摄这类照片应注重当地人的面貌特征和衣着服饰，因为其特点集中于此。另外，日常生活中使用的器物，也会有一定特色，应当收入镜头。

不应干涉或过多地干扰被摄人物正在从事的正常工作或其他行为。风土人情摄影也是追求自然，这就要求摄影者在瞬息中抓取，常常有意外收获。风土人情摄影，拍摄者应该有健康、乐观的观察态度。

100mm F8 1/800s ISO100
用长焦镜头拍摄，避免打扰别人

50mm F2 1/500s ISO100
当孩子们对你手里的相机特别感兴趣的时候，你就能抓住她们淳朴的表情

8.4 微距类

8.4.1 微距拍摄

100mm F4 1/250s ISO100
微距镜头拍摄昆虫，能让我们看到平常没有见到过的局部特写

微距镜头是一种可以非常接近被摄体进行聚焦的镜头，微距镜头在相机上所形成的影像大小与被摄体自身的真实尺寸差不多相等。

如今的数码相机，很多都有微距功能，而且效果还不错。微距拍摄功能对经常进行昆虫、花卉拍摄的人是非常有用的，对于数码单反相机非常方便，因为数码单反相机只要换上微距镜头或加上各种近拍附件就可方便地进行微距拍摄。

微距镜头有非常小的景深，微距世界很美丽，因为微距可以放大微观世界，获取的是我们日常视觉看不到的东西，这种效果无疑增强了花卉或微小事物的视觉冲击力。

100mm F4 1/500s ISO100
干净的背景更容易突出主体

8.4.2 微距拍花卉

把被摄体的影像按照1:1的比例复制出来只有微距镜头可以做得到，专业摄影师拍出的一些具有神奇效果的花卉局部特写都是用微距镜头拍摄出来的。微距镜头拍摄花卉一般表现的都是花卉的局部或者细部特征，这就需要对花进行细致的裁剪，这样就破坏了花朵的完整性，而照片仍然想要具有强烈的艺术表现力和美感，这时就要求必须有完美的构图、精细的质感、巧妙的用光和神奇的色彩来烘托主题，深化意境。微距镜头具有很小的景深，微小的抖动都会影响构图的精确和画面的清晰，因此拍摄时需要使用三脚架。

100mm F2 1/400s ISO100
蓝色与黄色的色调非常漂亮

8.4.3 昆虫拍摄

昆虫都栖息在花草中，所以一般昆虫的照片都有花朵或者绿叶存在，很难说谁是主角，因为只有两者相互陪衬才是完美的画面。拍摄昆虫跟其他的动物一样也需要耐心和毅力，由于昆虫很容易受到惊吓，离开原来的位置，所以不管做多么充足的准备，技术多么高明，失败率还是很高。由于昆虫的形体特点，为了得到清晰的画面，最好采用微距拍摄，微距镜头的长焦性质，可以在几十厘米之外拍到1∶1比例的昆虫，而且可以达到翅膀上的纹路和腿上的绒毛都清晰可见的效果。拍摄中可使用闪光灯来补充草丛里的光线不足，并使用快速快门，避免抖动造成模糊。

100mm F4 1/450s ISO100
设置相机的对焦模式为多次伺服自动对焦，便于很快聚焦

8.5 静物摄影

8.5.1 反光体拍摄

反光体表面非常光滑，对光的反射能力比较强，犹如一面镜子，所以塑造反光体一般都是让其出现"黑白分明"的反差视觉效果。若反光体是表面光滑的金属或是没有花纹的瓷器，要表现它们表面的光滑，就不能使一个立体面中出现多个不统一的光斑或黑斑，因此最好的方法就是采用大面积照射的光或利用反光板照明，光源的面积越大越好。

50mm F8 1/200s ISO100
最好使用偏振镜拍摄，可以去除反光体上的高光

很多情况下，反射在反光物体上的白色线条可能是不均匀的，但必须是渐变保持统一性的，这样才显得真实，如果想让表面光亮的反光体上出现高光，则可通过很弱的直射光源获得。为了使刀和叉朝上方的一面受光均匀，保证刀叉上没有耀斑和黑斑，可用两层硫酸纸制作柔光箱罩在主体物上。

35mm F11 1/200s ISO100 +1EV
景物的色调都是白色的，曝光时需要增加曝光量

8.5.2　透明体拍摄

　　透明体，顾名思义给人的是一种通透的质感表现，而且表面非常光滑。由于光线能穿透透明体本身，所以一般选择逆光、侧逆光等，光质偏硬，使其产生玲珑剔透的艺术效果，体现质感。透明体大多是酒、水等液体或者是玻璃制品。

　　拍摄透明体很重要的是体现主体的通透程度。在布光时一般采用透射光照明，常用逆光位，光源可以穿透透明体，在不同的质感上形成不同的亮度，有时为了加强透明体形体造型，并使其与高亮逆光的背景剥离，可以在透明体左侧、右侧和上方加黑色卡纸来勾勒造型线条。下图中就是用逆光形成明亮的背景，用黑卡纸修饰玻璃体的轮廓线，用不同明暗的线条和块面来增强表现玻璃体的造型和质感。当然在使用逆光的时候应该注意，不能使光源出现，一般用柔光纸来遮住光源。

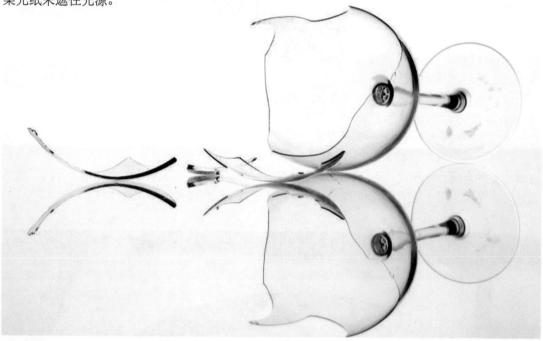

50mm F11 1/100s ISO100

55mm F11 1/100s ISO100

45mm F13 1/100s ISO100

8.5.3 表现立体感

拍摄静物时要特别注意静物的立体感，一般多采用侧光，最好能分出顶面、侧面和正面的不同亮度，还要从明暗不同的影调和背景的衬托中表现出物体的空间深度。测光时光比不要太大，一般背景的色调与主体和谐为好。也可用鲜明的对比，最好用画幅大一点的相机，这样放大后工艺品的质感、细部层次、影纹色调都较好。

玻璃器皿表面光滑、易反光，在拍摄时可将灯光照射在反光面上，再反射到玻璃器皿上，也可以背景柔和的反射光作为唯一光源。拍摄表面光滑的器皿时，主要位置的反光一定要表现出来，其他位置的反光要避免，光斑过多画面会非常乱。

景物表面粗糙的时候，最好采用侧光的方式拍摄，这样粗糙的表面会有阴影，景物的立体感也会很强。为了避免景物的影子过长，光线可以是前侧光。

85mm F2 1/800s ISO100
侧光拍摄景物特别适合表现立体感

8.5.4 菜肴摄影

有关菜肴摄影要说的只有一点，就是要拍出人人看到都垂涎欲滴，产生食欲的照片。如果看到照片的人真的想吃这个菜，那么可以说此照片已十分成功。拍摄华丽的照片摄影技术可以达到，而要拍出令人垂涎欲滴的照片，首先，诱人感很重要，也就是说，对冷食要表现出"冷"，对热食要表现出"热"。装有冰镇啤酒的杯子上出现的水珠可以说是典型的诱人感。烤肉时，嗞嗞作响的声音，火锅的白色腾腾热气等也是诱人感。这些诱人感可以说是菜肴照片的生命。

55mm F8 1/125s ISO100
拍摄菜肴要注意色彩的表现，颜色能吊起人的胃口

50mm F11 1/125s ISO100
最真实地表现菜肴的质感

8.6 儿童摄影

拍摄儿童肖像的一个基本方法，就是采取一个非正式的拍摄形式。所谓的正式，是选取三脚架在专业灯光房，或者是某种特定要求的场所，构图、光线以至服装道具等，都是事先考虑好的，被摄对象往往是成年人，经过说明后决不会跑离镜头的范围。但是在拍摄儿童的时候，存在着许多的不确定性，所以我们要抛弃三脚架，手持相机拍摄以应对儿童的多变性。拍摄时，建议选用长镜头、高感光度模式和较高的快门速度。

在给孩子拍摄时，需要注意的是多沟通和交流，孩子们自然流露的笑容正是来源自这种交流后的信任，同时要依照他们的角度蹲下拍照以尽量消除他们的拘束感。总的来说，儿童是较喜欢拍照的，他们总是充满好奇心，所以最好让他们看看相机的显示屏，了解你在做什么。

55mm F8 1/125s ISO100
抓住孩子的表情是非常关键的

1. 要有足够的爱心和耐心

爱心和耐心是拍好儿童照片的基础，他们天真、活泼、想哭就哭、想闹就闹，如果没有好的耐心很难把儿童拍好。孩子的感觉是很敏锐的，摄影师一定要真心喜欢小孩，愿意和他们玩耍，这样才能更好地去接近他们，在他们还没注意到你的时候一张精彩的照片就这样诞生了。

2. 不要强迫孩子

要尽量把孩子们带到非常合适的环境中进行拍摄。我们一般选择一个熟悉的地点，如儿童娱乐场或花园。在孩子尽情玩耍时，尽可能多拍，不要强迫他们做你想的事情。

3. 变化构图多取景抓拍

孩子是天真的，他们的天性总是好动的，他们的表情、神态、叫喊都是很丰富的，拍摄一张自然、笑脸的他们也是很不容易的，我们只有很短的时间去寻找合适的取景位置，所以我们在拍摄他们时，取景器里多给孩子留些活动的空间，尽量抓拍。

8.6.1　半岁前儿童

　　满月后的宝宝相对出生的时候变化很大，而且已经好看多了，父亲可能这时候是比较辛苦的，母亲的身体还尚未恢复，半夜要起来冲牛奶、换尿片忙得不亦乐乎，这个时候别忘了拿起相机给小宝宝拍摄几张照片，注意抓住他们变化万千的表情和动作。

　　宝宝还不会走路的时候基本上都是在室内的床上或是沙发上拍摄他们，由于室内的光线很微弱，一定要调整相机的光圈到最大，来保证更多的光线进入，有时候还需要调高感光度。

　　如果他们睡了半天也没醒来，还可以多拍摄几张熟睡的照片，也特别漂亮。

8.6.2　一岁儿童

　　一岁的小孩在室外活动的频率就比较高了，带他们出去游玩的时候可多给孩子拍摄一些照片。这个时候他们开始摇摇晃晃地走路了，孩子更加活泼、表情也开始丰富起来。天气好的时候出去晒太阳，可以增加抵抗力、吸收维他命D，需要注意的是不要让孩子的脸部对准太阳，可选择侧光、逆光的位置拍摄。

8.6.3　三岁儿童

　　孩子从1岁到3岁的时候是最有趣，也最可爱的时候，他们一天天成长慢慢地懂得些人情世故了，有了自己喜欢的玩具、衣服、小发卡等物品，我们可以让他们与玩具、动物合影。他们会自娱自乐地玩耍，这时候摄影师就围绕在他们旁边尽量抓取精彩瞬间即可。

50mm F4 1/100s ISO100
熟睡的孩子，他们的动作和神态也非常可爱

55mm F11 1/100s ISO100
一般不要裁切孩子的头、手、脚，家长会不喜欢

课后习题与思考

1.了解花卉摄影、建筑摄影、纪实摄影、微距摄影、静物摄影、儿童摄影的拍摄方法。这些类别的摄影与我们平常拍摄风景、人像摄影有什么不同?

2.选择自己喜欢的一个摄影类别去深入研究,拍摄出更多更好的作品来。

第 9 章

图像的后期处理

9.1　校正曝光

曝光对于摄影来说极其重要，拍摄时曝光量的控制直接影响照片的最终效果，但即便是专业摄影师，在拍摄过程中也会遇到曝光不准确的问题。如果在拍摄时选择用RAW格式，便可以在Photoshop的Camera Raw调整曝光，如果在拍摄时选择的是JPEG格式，则我们可以通过以下简单实用的方法来调整曝光。

9.1.1　调整曝光不足

步骤一

打开曝光不足的图像，首先复制背景图层，可以将背景图层拖放到图层面板底部的创建新图层图标上，或直接按快捷键[Ctrl+J]来执行。

步骤二

在新建的图层上，把图层面板顶部的图层混和模式从"正常"改为"滤色"，就会使照片整体变亮。

步骤三

如果照片仍然太暗，可以继续按快捷键[Ctrl+J]，复制这个滤色图层，会使照片更加明亮，如果照片太亮可以适当降低不透明度。

步骤四

打开色界对话框，调整照片的整体亮度和对比度。

步骤五

调整至照片曝光正常后，按住[Shift]键把三个图层选中，单击右键在弹出的对话框中选择"合并图层"即可。

9.1.2　调整曝光过度

步骤一

　　在拍摄这张图像时，由于曝光失误，导致整个图像曝光过度。调整曝光过度的方法与调整曝光不足的方法大致相同。首先通过快捷键[Ctrl+J]来复制背景图层，这与前面的操作完全相同。

步骤二

　　调整曝光过度与曝光不足唯一的区别是在图层混和模式选项内选择"正片叠底"，这样就会使图像变暗。复制图像完成后，仍然可以用不透明度进行微调。在调整结束后，从图层菜单右上角的图层面板中选择"拼合图像"即可。

调整前照片

调整后照片

9.1.3 暗部中的主体处理

步骤一

打开需要调整的照片，左边的这幅图片拍摄于傍晚，在拍摄时为了突出天空的云彩减少了曝光，因此画面下半部分的建筑有些曝光不足，需要将此部分的亮度提高，这就要利用"阴影/高光"功能来调整，它位于"图像"菜单下的"调整"子菜单。

步骤二

打开"阴影/高光"选项，弹出对话框，"阴影"选项中的数量滑块默认为"50%"，从整体效果来看，50%的默认设置有些过亮，我们可拖动阴影数量滑块向左移进行调整。

步骤三

如果调整后没有达到我们的要求，可以单击显示其他选项。

首先，调整阴影部分选项的数值。在这个例子中，把阴影数量调整到"27%～35%"之间（最终数量取决于照片的具体情况），然后把阴影半径拖到"140～190"之间，会使效果更平滑。

步骤四

通过调整，阴影区域已经有了很大的改善。接着可以处理高光区域了。在这个例子中对于高光区域不需要做太多调整，把高光数量调整到"5"，半径调整到"100"即可，当然这两个数值只针对于这张照片，最后单击"确定"按钮。

步骤五

最后，打开"调整"菜单内的"色阶"对话框，也可以直接用快捷键[Ctrl+L]实现，利用色阶增加照片的对比度以及颜色的饱和度。用鼠标点中右侧高光滑块向左拖动，使高光变亮（也可以使用右侧的阴影滑块使阴影变黑，在此例中不需要此操作），最后单击"确定"按钮，得到最终图像。

调整前照片

调整后照片

9.2 修复镜头扭曲问题

在平时的拍摄中，经常需要使用广角镜头。通过广角镜头拍摄的照片中，有时物体会出现扭曲、畸变，使物体失真，下面来学习一种快速校正的方法。

9.2.1 校正透视

步骤一

打开需要修复的图像，这张照片在拍摄时使用广角镜头，由于角度较低，所以建筑物有明显的向上透视汇聚现象。

步骤二

进入"滤镜"菜单，从扭曲的子菜单中选择"镜头校正"。就可以看到如左图的操作面板。

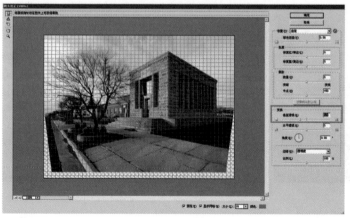

步骤三

在弹出的对话框内找到"变换"部分，把"垂直透视"滑块向左拖动，可以看到建筑物逐渐在垂直，可以通过网格线来参考建筑物，调整后变换部分会露出图像透明底色部分。

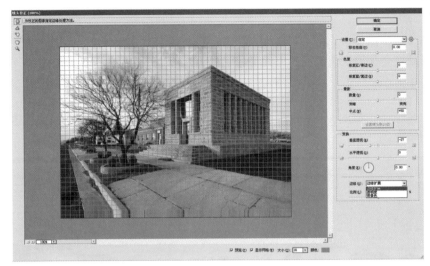

步骤四

　　在底部边缘的下拉菜单中选择"边缘扩展"，就会扩展照片的边缘区域，覆盖住间隙，然后单击"确定"按钮应用滤镜。如果边缘区域不太自然，可以使用仿制图章工具或修复画笔工具处理即可。

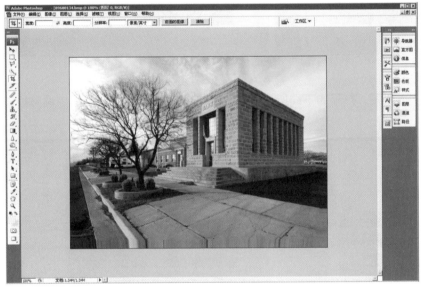

步骤五

　　单击"确定"按钮后调整好的图像在PS中显示。然后用裁切工具把下方的边缘扩展裁掉一部分。

调整前照片

调整后照片

9.2.2 校正桶形畸变

使用广角镜头拍摄，会使图像中出现桶形畸变。焦距越短，桶形畸变越严重，随着焦距增长，畸变会减弱。桶形畸变会使图像里四周的直线部分明显向内弯曲，使照片失真。

步骤一

这张图像是使用广角镜头拍摄的，在PS中打开的图片有些桶形的畸变。

步骤二

选择"滤镜→扭曲→镜头校正"，使用这一工具可以很好地调整透视变化。

步骤三

单击"镜头校正"选项后，打开如下图所示的对话框。

步骤四

在打开的"镜头校正"对话框中调整移去扭曲选项，直到地平线水平为止。

调整前照片

调整后照片

9.3 创建黑白图像

很多人创建黑白图像就是在Photoshop里直接去色，这样处理后图像的色阶太平缓，主次难以区分，同时一些效果比如说突出人物面部的亮度等都不尽人意。下面介绍专业处理黑白照片的方法。

9.3.1 使用明度通道

步骤一

打开需要调整成黑白效果的图像。这幅图像是在光线充足的情况下拍摄的，图像的明暗分布均匀，比较适合转换成黑白图像。

步骤二

选择"图像"菜单，从"模式"子菜单中选择"Lab颜色"，此时照片从RGB颜色模式转换为Lab颜色模式，但从照片上我们无法看出区别。

步骤三

选择通道面板，可以发现照片不再由红、绿、蓝通道组成，明度通道已经从颜色数据中分离出来，现在的颜色数据位于"a"和"b"两个通道内。明度通道具有大量的高光细节，非常适合转换黑白照片。

步骤四

单击通道面板中的明度通道，我们可以看到图像变成了黑白效果，但有些过亮。

步骤五

现在进入"图像"菜单，从"模式"子菜单中选择"灰度"后，会弹出一个对话框，询问我们是否要扔掉其他通道，单击"确定"按钮后，再查看通道面板，会发现通道面板内只有灰色通道了。

步骤六

现在观察黑白照片，如果图像过亮或过暗，请进入图层面板，单击背景图层后按快捷键[Ctrl+J]创建背景图层副本，根据图像的实际情况，如果图像过亮，就将图层的混合模式修改为"正片叠底"，如果过暗，就选择为"滤色"。在这个例子中，我们选择"正片叠底"。在这一步骤中，我们要把照片调整到最理想的黑白色调，在图层面板中选择"不透明度"选项，拖动滑块，直到出现满意的黑白效果为止，在这个例子中，将不透明度调整到"65%"。与直接将图像模式转为灰度的图像相比，明度通道方法为我们提供的控制和深度更多。

9.3.2 Photoshop中的黑白转换器

在Photoshop中添加了一种创建黑白照片的新的方法，这种方法与以往的方法有所不同，它增加了一些可调整洋红、黄色、青色的滑块来细微调整黑白效果。

步骤一

右键单击"创建新的填充或调整图层"，选择黑白选项。

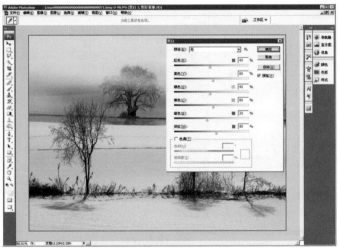

步骤二

在弹出的对话框中我们看到红色和黄色、绿色和青色、蓝色和洋红的百分比之和都是100%，这样适合于亮度不变的照片，如果要产生影调丰富的高对比度黑白效果，这些颜色的数量之和会超过100%。

步骤三

在面板上部的"预设"下拉菜单中有一些预设效果，我们可以逐个试验，看看效果是否能达到我们的需要，如果预设效果不理想，就放弃这些预设效果。

步骤四

尝试预设效果后，一定要在"预设"选项中选择"无"，然后，单击"自动"按钮，作为创建黑白图像的起点。

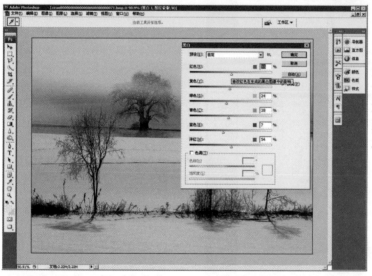

步骤五

由于照片的颜色不同，我们也难以判断哪个颜色滑块影响哪个区域，比较简单的方法是拖动滑块向最左端或最右端，这样我们就可以清楚的观察到哪些区域被调整了，然后再进行细微调整。

步骤六

黑白转换器的另一个特点就是可以制作双色调效果。只要打开"色调"复选框，就可以调整照片的颜色。下面可以调整"色相""饱和度"。如果不需要双色调效果，单击"色调"复选框即可。

9.4 锐化技术

使用数字单反相机拍摄的图像在锐度方面有些不足，或者在拍摄过程中产生虚焦，在图像后期的调整过程中有时也会损失锐度，所以在大多数情况下要对数字图像进行不同程度的锐化，以保持图像的清晰度。下面由浅入深介绍USM锐化、Lab锐化和亮度锐化技术。

9.4.1 基本锐化

这是几种简单快捷的锐化方法，通过这几种方法可以在很短的的时间内，提高照片的清晰度。

步骤一

打开需要锐化的图像，因为在锐化的过程中需要观察图像的细节，所以我们要对图像的局部进行放大。可以通过快捷键[Z]键并单击鼠标左键，或者按住[Ctrl]键后，按+（加号）来进行图像局部放大。由于此例中的图像尺寸较大，所以我们把显式比例控制在50%即可。

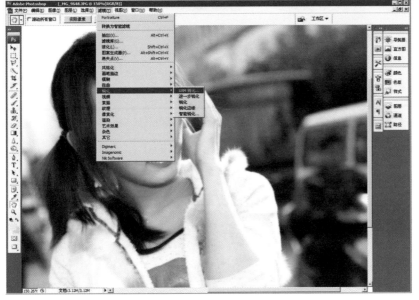

步骤二

以50%的显示比例观察后，进入到"滤镜"菜单中的"锐化"子菜单，可以看到在"锐化"菜单中有"USM锐化""进一步锐化""锐化""锐化边缘""智能锐化"五个选项，在此例中我们介绍的几种快捷锐化方法都使用"USM锐化"选项。

步骤三

　　在弹出的"USM锐化"对话框中有3个滑块。"数量"滑块决定图像中锐化量的多少；"半径"滑块决定锐化从边缘开始向外影响多少像素；"阈值"滑块决定锐化效果强弱，数值越大，效果越弱，数值越小，效果越强。在这个例子中，把数量设置为"125%"，半径设置为"1"，阈值设置为"3"，然后单击"确定"按钮，把锐化效果应用到整幅图像。

锐化前照片

锐化后照片

9.4.2　锐化柔和的主体

在我们拍摄的图像中，不同的被摄物需要的锐化程度有所不同。对于比较柔和的主体(如花朵、小动物、彩虹等)，可以使用USM锐化的以下设置：数量150%、半径1、阈值10。通过这些数值，可以实现很细微的锐化效果，非常适合花朵这类被摄体的锐化。

9.4.3　人像锐化

如果锐化近景人像，可以尝试使用USM锐化的以下设置：数量75%、半径2、阈值3，这也是一组能够产生细微锐化效果的数值，这种效果不会使眼睛过于突出。

9.4.4　中等锐化效果

　　中等锐化效果适合于各种产品照片、室外照片以及风景照片，需要较明显的锐化效果时，可以使用下面这组USM锐化设置：数量120%、半径1、阈值3，从图像中猫的胡须可以看出锐化效果。

9.4.5　极限锐化效果

　　一般在两种情况下使用这组设置。一种情况是图像严重失焦，另一种情况是要表现物体的清晰纹理（如岩石、金属、树木等）。USM锐化：数量65%、半径4、阈值3，在这幅图像中锐化可以产生更多的岩石细节。

9.4.6 通用锐化效果

如果有些数字图像所拍摄的对象不需要特殊注意某些方面，便可以使用这组USM锐化设置：数量85%、半径1、阈值4。它适合于大多数图片，效果细微。如果在应用一次后觉得锐化度不够，可以再应用一次。

9.4.7 Web图像锐化

有时我们需要将图片用于网页或者上传，需要把300dpi的图像分辨率降低到72dpi，同时，照片的锐度会有所降低，我们可以使用以下USM锐化设置：数量200%、半径0.3、阈值0。使用这种方法（数量400%），可以挽救一些虚焦严重的图像。

9.4.8 Lab锐化

Lab颜色锐化技术可以作为对数字图像最常用的一种锐化技术，用这种方法可以避免在锐化时产生的斑点和杂色，所以在使用的时候可以对图像进行更多的锐化量。

步骤一

打开需要使用Lab颜色锐化的RGB图像，进入"通道"面板，可以看到RGB照片的通道由红、绿、蓝3个通道组成，每个通道的缩览图都表示为黑白图像，而这3个通道中的数据组合起来就形成了RGB图像。

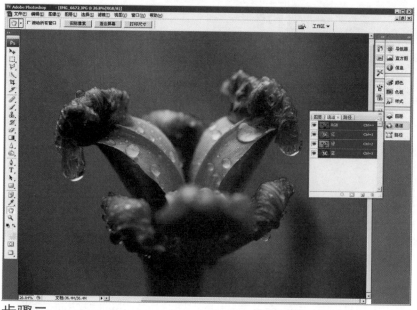

步骤二

进入"图像"菜单，从"模式"子菜单中选择"Lab颜色"。这时，在"通道"面板中，可以发现图像效果虽然没有发生变化，但是通道已经改变。现在的通道由"明度"通道（照片的亮度和细节）、"a"通道和"b"通道（保存色彩数据通道）3个通道组成。

步骤三

　　单击"通道"面板中的"明度"通道，从"a"和"b"两个颜色通道中分离出来，这时的图像变成了较亮的黑白效果，但它并不是真正意义上的黑白图像，只是将图像的亮度从色彩信息中分离出来了。

步骤四

　　进入"滤镜"菜单，在"锐化"子菜单中选择"USM锐化"，将锐化应用到黑白效果的明度通道。使用USM锐化的锐化设置可以根据具体景物设置数值，不同的被摄物在设置上会有所区别。在这个例子中，设置USM锐化为：数量85%、半径1、阈值4，然后单击"确定"按钮，应用锐化。

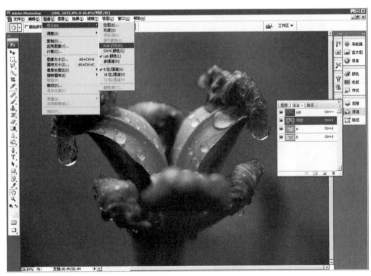

步骤五

　　在这个锐化方法中，锐化的只是明度通道，并没有锐化颜色信息，所以可以避免出现过多的斑点和杂色。为了得到更清晰的效果，可以通过快捷键[Ctrl+F]再次应用锐化。根据不同的图像来决定锐化的次数，在这个例子中，使用两次锐化。然后，进入"图像"菜单，从"模式"子菜单中选择"RGB颜色"，把图像转换回RGB颜色模式，整个过程结束。

9.4.9 亮度锐化

这种锐化方式与一般的锐化有所不同，一般适合于要突出图像中大量的纹理或清晰的边缘，可以得到比较明显的效果，但一般植物、小动物的图像不适合使用这种方法。

步骤一

打开需要锐化的RGB图像，用一张岩石图片来进行锐化，主要突出岩石的纹理。通过两度锐化技术，可以使岩石的纹理更加明显、突出。

步骤二

进入"图像"菜单，从"模式"子菜单中选择"Lab颜色"。用Lab颜色锐化可以避免在锐化时所产生的斑点和杂色，从而提高数字图像的影像质量。

步骤三

将图像转为Lab颜色模式后，通过快捷键[Ctrl+Alt+1]把明度通道载入为选区，这时可以看到，画面里面的部分区域被选中，以选区的形式出现。

步骤四

建立选区后，进行反向选区。进入选择菜单，选择反向，也可以通过快捷键[Ctrl+Shift+I]来实现。选区反向之后，为了更清楚地看到锐化效果，不被选区边框分散注意力，先将选区在视图中隐藏，使用快捷键[Ctrl+H]来隐藏选区。

步骤五

选区被隐藏起来后，进入"通道"面板，单击"明度"通道，图像变为较亮的黑白效果，与前面章节的方法一样，只将锐化应用在"明度"通道上，以避免出现降低图像质量的问题。

步骤六

现在使用USM锐化滤镜进行第一遍锐化。进入"滤镜"菜单，在"锐化"子菜单中选择"USM锐化"，设置为：数量500%、半径1、阈值2，单击"确定"按钮，将锐化应用到"明度"通道内已隐藏的选区。

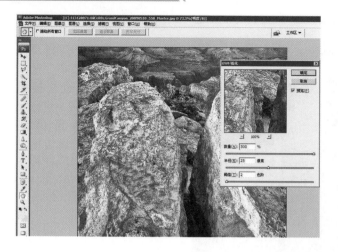

步骤七

现在添加第二遍锐化，再次打开"USM锐化滤镜"，首先保持数量设置为"500%"，之后把半径滑块拖到最左端，再慢慢向右增加半径，直到合适为止。这种两遍锐化一般适合于分辨率为300dpi的高分辨率图像，半径数值设置为"25～35"像素。

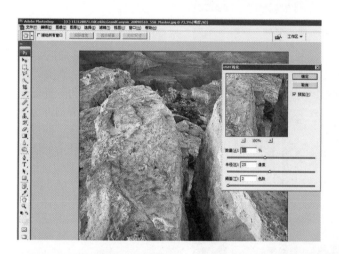

步骤八

调整半径设置后，把数量降低到"50%～80%"，单击"确定"按钮，应用第二遍锐化。之后进入"图像"菜单，从"模式"子菜单中选择"RGB颜色"，把图像转换回RGB颜色模式，这样，就用两遍不同的USM锐化滤镜调整出了清晰的图像。

锐化前照片

锐化后照片

课后习题与思考

1.掌握图片校正曝光、修复镜头扭曲、创建黑白图像、锐化等技术的操作方法。

2.如果自己的作品中存在不完美的地方，通过这些后期处理的方法来校正、修改作品。

3.按照书中的操作步骤多次练习，然后熟练掌握这些常用的后期处理技术。